致加西亚的信

[美国] 埃尔伯特·哈伯德 著
罗 珈 译

译林出版社

A Message to Garcia
Un Message à Garcia
Uma Mensagem a Garcia
رسالة إلى غارسيا
By
E. Hubbard

目　录

CONTENTS

1913年版前言

《致加西亚的信》这本小册子是在一天晚饭后写作完成的，仅花了一个小时。那天是1899年2月22日——华盛顿的诞辰纪念日，我们正在准备出版3月号的《菲利士人》。

我心潮起伏，在度过了难熬的一天之后写下这篇文章——那时我正在竭力教育那些游手好闲的村民不要再昏昏欲睡，应该振作起来。

而直接的灵感则来源于喝茶时的一场小小辩论，我儿子伯特认为罗文是古巴独立战争中真正的英雄。他只身一人完成了任务——把信送给了加西亚。

我脑海中灵光一闪！是的，儿子说得对，真正的英雄就是那些做好自己工作的人——把信送给加西亚的人。我离开饭桌，一口气写下了《致加西亚的信》。我不假思索便将这篇没有标题的文章刊登在了我们的杂志上。结果该版售罄，很快，我们开始收到要求加印3月号《菲利士人》的订单，一打，五十份，一百份……当美国新闻公司要求订购一千份的时候，我问我的一个助手，到底是哪篇文章搅动了“宇宙尘埃”，他回答说：“是关于加西亚的那篇。”

第二天，纽约中央铁路局的乔治·H.丹尼尔斯发来一封电报：“将关于罗文的文章印刷成册，封底刊登帝国快递广告，订购十万份，告知报价及最快船期。”

我回复了报价，并说明我们只能在两年内供应出这些小册子。当时，我们的设备规模很小，十万份小册子对我们来说是一项异常艰巨的任务。

结果是，我同意由丹尼尔斯先生按照自己的方式重印那篇文章。他以小册子的形式，前后数版共发行了五十万册。这五十万册中有百分之二三十是丹尼尔斯先生销售出去的。此外，有二百多家杂志和报纸转载了这篇文章。迄今为止，它已经被翻译成所有的书面语言在世界各国流传。

就在丹尼尔斯先生销售《致加西亚的信》的时候，俄国铁路局局长希拉科夫亲王正好也在美国。他受纽约中央铁路局邀请，由丹尼尔斯先生本人陪同在美国参观。亲王看到这本小册子，对它非常感兴趣，其中最主要的原因或许是丹尼尔斯先生这本小册子的发行量巨大。不管怎样，亲王回到俄国之后，就让人将这篇文章翻译成了俄文，并将它制成小册子，分发给所有俄国铁路员工阅读。

接着，其他国家也开始对这篇文章产生兴趣，它从俄国传到德国、法国、西班牙、土耳其、印度和中国。日俄战争期间，每一个俄国前线士兵手中都有一份《致加西亚的信》。日本人在俄国战俘的物品中发现了这些小册子，认定它是一件好东西，于是将它翻译成了日文。根据日本天皇的命令，《致加西亚的信》被发到每一位政府工作人员、士兵乃至百姓手中。

迄今为止，《致加西亚的信》已经印刷了四千多万册。可以这么说，在一位作家的有生之年，在整个历史进程中，没有任何一部文学作品拥有过如此巨大的发行量——这应归功于一系列幸运的意外。

埃尔伯特·哈伯德

1913 年 12 月 1 日

致加西亚的信

经过与家人吃晚餐时的一番讨论之后，埃尔伯特·哈伯德在一小时之内写出了他的这篇经典文章《致加西亚的信》。吃晚饭的时候，哈伯德的儿子伯特说，美西战争中真正的英雄是罗文——一个敢于冒着生命危险送信给古巴起义军领袖加西亚的人。

这篇文章最初发表在哈伯德自己的杂志——1899年3月号的《菲利士人》上。纽约中央铁路局的乔治·丹尼尔斯受到该文的激励，要求允许翻印并发行了五十万册。俄国铁路局局长希拉科夫亲王在读了丹尼尔斯翻印的文章后，又让人将它翻译成了俄文，并且将《致加西亚的信》分发给他的所有铁路员工。

接着，俄国军队也获得了这篇文章：每一个被派往日俄战争前线的俄国士兵都得到了一本《致加西亚的信》。日本人在俄国俘虏的物品中发现了这本小册子，随后将它翻译成了日文。根据日本天皇的命令，每一位政府工作人员都要有一册《致加西亚的信》。

最终，《致加西亚的信》印刷了四千万册。

在这整个与古巴有关的事件当中，有一个人就像近日点的火星一样总矗立在我的记忆最鲜明处。

美西战争爆发后，美国迫切需要尽快和古巴起义军领袖加西亚取得联系。加西亚当时身处古巴的大山深处——具体在哪里没有人知道，也没有任何信件或者电报能送到他那儿。但是美国总统必须取得他的配合，而且时间紧急。怎么办?

这时有人对总统说:“有一个叫罗文的人能帮您找到加西亚，而且也只有他能找到。”

于是，他们找来罗文，给了他一封信，让他送给加西亚。至于“这个叫罗文的人”如何接过信，将它密封在一个油布袋里，揣在胸前；如何在四天后乘坐一艘敞篷船到达古巴海岸，乘着夜色上岸，消失在丛林中；如何徒步穿越这个敌对国家，于三个星期后出现在岛屿的另一端，将信交给加西亚将军——这些细节在这里我无意详述。我想强调的重点是：麦金莱总统将一封写给加西亚的信交给罗文，而罗文接过信，并没有问：“他在哪里？”

太伟大了！这样的人应该为他铸造一座不朽的青铜雕像，并且把雕像立在全国各所大学里。年轻人需要的不仅仅是学习书本知识，也不仅仅是聆听这样那样的教诲；他们需要的是一种能让他们坚持向上的敬业精神，让他们能够忠于别人的信任，行动果决，集中精力、全心全意地去做一件事——把信送给加西亚。

当然，加西亚将军现在已经离开人世，但是，还有许多其他的“加西亚”。那些拥有众多人手的企业经营者时常都会为那些庸碌之辈的愚蠢感到吃惊——他们不能或者不愿意专心去做好一件事。

敷衍了事、漫不经心、漠不关心以及心不在焉地工作似乎已经成为一种惯例，除非你采取威逼利诱的手段让其他人帮忙，或者仁慈的上帝能创造一个奇迹，派一位光明天使来帮助你，否则不会有什么工作成效。

读者不妨来做个试验。假设你现在正坐在办公室里，你可以随时给六个员工安排任务。随便叫来其中的一个，对他说：“请你查一查百科全书，帮我做一份有关柯勒乔生平的简要备忘录。”这个员工是否会平静地回答“好的，先生”，然后就去执行任务呢？

无论如何他都不会。他会用疑惑的眼神看着你，然后问你下面这些问题当中的一个或者更多：

“他是谁？”

“哪一本百科全书？”

“百科全书在哪儿？”

“雇我来是做这个的吗？”

“为什么不让查理去做这件事？”

“他还在世吗？”

“着急要吗？”

“要不要我把百科全书搬过来你自己查一下？”

"你为什么要查他呢？"

我敢用十倍的赌注和你打赌，等你回答完他所提出的问题，给他解释清楚如何查找这些资料，为什么需要这些资料之后，这个职员就会离开，去找另外一个员工帮他找柯勒乔的资料。然后，他会回来告诉你，根本就查不到这个人。当然，我也可能赌输，但是，从概率上讲，我不会输。

此时，如果你够聪明，就不会费心向你的"助手"解释，柯勒乔的资料应该在以C字母开头的索引中查找，而不是在以K字母开头的索引中查找，你会微笑着对他说"没关系"，然后自己去查。就是因为这样缺乏独立行动的能力，这种道德上的后知后觉，这种意志不坚，这种不乐意巩固和提高的态度——这些东西使得纯粹的社会主义实现的可能变得遥不可及。如果人们甚至都不愿为了自己而主动采取行动，那么，他们又怎么会为公众利益而努力呢？如果你登广告招聘一名速记员，应征者十之八九既不会拼写也不会正确使用标点符号，并且他们根本就不认为这是速记员应当具备的条件。

这样的人能写出一封送给加西亚的信吗？

"你看那个会计。"在一家大工厂里，一位主管对我说。

“看到了，他怎么样？”

“哦，他是一个不错的会计师，如果我派他到城里去办件事，他有可能完成任务。但是，也有可能他会沿途在若干家酒吧停留，等到了闹市区的时候，他恐怕早就忘了我派他去做什么了。”这样的人，你能托付他把信送给加西亚吗？

最近，我听到许多对那些“在血汗工厂里备受压迫的人”和那些“为求得一份正当工作四处奔波的无家可归者”深表同情的声音，这些声音同时把那些掌权者骂得体无完肤。

但是，从没有人提及那些倾其一生努力都无法使那些懒散的饭桶做些有用的工作的雇主；没有人说，那些雇主是如何长期地、耐心地努力寻找“帮手”，但只要他们一转身，这些“帮手”就会无所事事、游手好闲。

每家商店和工厂都会不断地进行清理整顿。雇主不断地遣走那些不能提高公司效益的“帮手”，同时吸纳新的员工。无论经济状况多么好，这种去粗取精的过程都会一直持续。只是，在经济萧条、就业机会很少的情况下，这种去粗取精的工作会更显成效——但是，离开的仍然是并且永远是那些没有能力、没有价值的人。这就是适者生存。为了自身利益，雇主只能保留那些最佳员工——那些能把信送给加西亚的人。

我认识一个非常有才华的人，但他没有能力经营自己的生意，对别人来说，他也毫无价值，因为他总是愚蠢地怀疑他的老板正在压迫他，或者企图压迫他。他不能发号施令，也不甘心接受别人的指挥。如果我们让他送信给加西亚，他的回答很可能会是："你自己去吧！"

今夜，这个人正四处奔波寻找工作，风飕飕地直往他的破外套里灌。但是所有了解他的人都不敢雇用他，因为他是一个典型的煽动不满情绪的好事之徒。

当然，我知道我们与其同情这样一个道德观扭曲的人，还不如去同情一个肢体不健全的人。然而，如果要同情的话，也让我们为那些努力经营大企业的人流下同情的泪水。他们在下班铃响之后仍然要加班加点，他们头上的白发因为要竭力约束那些麻木不仁、没有能力又敷衍了事、无情的忘恩负义的人而日益增多——要是没有他们的企业，那些人就只能忍饥挨饿、无家可归。

我是不是有点夸大其词了？或许是。但是，当整个世界都热衷于访问贫民窟时，我希望能向那些成功者表示同情——他们在形势非常不利的情况下指导其他人工作，并获得成功。可是，除了一点食物和衣服外，他们什么也没有得到。我曾经为了一日三餐领薪水干活儿，也曾经当过雇主，我知道应该从双方的角度来看问题。

贫穷本身并不是什么好东西，破旧衣服也没有可取之处。并非所有的雇主都贪婪成性、专横跋扈，正如并非所有的穷人都很高尚一样。我敬佩那些不论老板在不在场都能坚持做好自己工作的人；敬佩那些只是默默地接过信，不会提出任何愚蠢的问题，不会暗地里打主意一出门就把信扔到下水道里，去做送信以外的事的人。他们永远都不会被炒鱿鱼，也不必为了加薪而罢工。

文明就是热切地寻找这样的人的漫长过程。这些人所要的东西都能得到。每座城市、乡镇和村庄，每个办公室、商店、商场和工厂都需要他们。全世界都在呼唤：我们需要，而且急需这样的人——能“把信送给加西亚”的人。

埃尔伯特·哈伯德

1899年

埃尔伯特·哈伯德

我是怎样把信送给加西亚的
——安德鲁·萨默斯·罗文的陈述

（罗文，一个因埃尔伯特·哈伯德的名作《致加西亚的信》而名垂青史的人。）

“为了我们的祖国更美好，我们的生活更幸福，无论我们渺小还是伟大，都让我们做好自己的工作，推动自己的事业吧。”

——贺拉斯

“在哪儿？”麦金莱总统问军情局局长阿瑟·瓦格纳上校，“在哪儿可以找到能把信送给加西亚的人？”

上校立即回答道：“在华盛顿就有这样一位年轻的军官，陆军中尉，名叫罗文，他可以替您把信送去！”

威廉·麦金莱

“派他去！”总统下令。

那时候美国即将与西班牙开战，美国总统急欲了解相关情报。他意识到，要想取得胜利，合众国的士兵就必须和古巴起义军合作。他知道，最关键的就是要掌握有多少西班牙军队部署在岛上；他们的战斗力、状态、士气以及军官，尤其是高级军官的性格特征；一年四季的道路状况；西班牙军队和古巴起义军乃至整个古巴的医疗卫生状况；双方的武器装备情况如何；当美国军队被动员起来后，古巴军队要想牵制住敌军需要哪些帮助；这个国家的地形情况以及其他许多重要情报。“派他去！”有些出人意料的是，总统的这一命令就像军情局局长回答谁能把信送给加西亚一样迅速。

大约一小时后，正值中午，瓦格纳上校过来通知我一点钟去陆海军俱乐部和他一起共进午餐。顺便说说，上校是一个出了名的喜欢开玩笑的人。我们吃饭的时候，他问我：“下一班去牙买加的船什么时候出发？”我以为他又想和我开玩笑，于是，决定有可能的话也调侃一下他。我借口离开了一两分钟，然后回来告诉他：“阿特拉斯轮船公司的‘阿迪伦达克’号英国船将于明天中午从纽约起航。”

安德鲁·萨默斯·罗文

“你能坐上这趟船吗？”上校突然问道。

尽管我仍然认为上校不过是在开玩笑，但还是做出了肯定的回答。

“那就去准备好上船！”我的长官这样说。

“年轻人，”他接着说道，“总统已经选派你去联络——确切地说，是送信给加西亚将军，他可能在古巴东部某个地方。你的任务是从他那儿获得军事情报，及时更新，并根据有效性将它整理好。你带给他的信上有总统想了解的一系列问题。除此之外，除了必要的能证明你身份的东西，任何书面联络都要避免。历史上发生过太多这样的悲剧，因此我们没有理由冒险。大陆军的内森·黑尔、美墨战争中的里奇上尉都是在送情报时被捕的。他们两人不仅牺牲了，而且后者身上关于斯科特打算偷袭韦拉克鲁斯的计划的信件也暴露给了敌军。你绝不能失败，这次行动绝不能出现失误。”直到这时我才完全明白过来，瓦格纳上校不是在开玩笑。他接着说道：“在牙买加会有人想办法证明你的身份，那儿有一支古巴游击队。其余的事情就要靠你自己了。除了我现在给你的指示，你不要再请求任何指示。”实际上，他所说的那些话就像文章开篇的摘要一样。“你今天下午就去做准备，军需署署长汉弗莱斯会设法送你到金斯敦上岸。此后，如果美国对西班牙宣战，那么将来的许多作战指令都要以你发来的电报为依据。否则我们将一无所知。从计划到行动你必须亲自负责，而且责无旁贷。你一定要把信送给加西亚。火车午夜出发。祝你好运，再见！”说完，我们握手道别。

瓦格纳上校松开我的手，再次叮嘱道：“一定要把信送给加西亚！”在我匆忙做准备的时候，我考虑了一下自己的处境。正如我所了解的那样，我的任务非常艰巨、复杂，因为现在这场战争还没有爆发，到我离开的时候也不会爆发，甚至直到我到达牙买加，它也未必会爆发。走错一步都可能会造成一生都难以解释清楚的状况。如果已经宣战了，我的任务反而要简单一些，尽管其中的危险也不会减少。在这种情况下，当一个人的名誉和生命都濒临险境的时候，要求有书面指示是很正常的事。在军队里，一个军人把生命交给了国家，但是他的荣誉却是自己的，既不应任由有权势的人破坏，也不能被忽视或怎么样。但是，面对这件事，我却从未想过要寻求任何书面指示。我唯一的想法就是，我被委派去送信给加西亚，并负责从他那儿获得一些情报，我必须去做这件事情。瓦格纳上校是否将我们谈话的内容记录在人事行政参谋主任办公室的档案中，我不得而知。在即将结束的一天里，这已经无关紧要了。

我乘坐的火车于午夜零点零一分离开华盛顿，我记得自己想起了那个关于星期五不宜出行的古老迷信说法。虽然火车出发的时间已经是星期六了，但是我离开俱乐部的时候是星期五。我猜想，命运之神应该认定我是星期五出发的吧。但是，当我开始考虑其他事情的时候，我很快就忘了这件事，直到事后一段时间才再度想起来，但那时已经无关紧要了，因为我的使命已经完成了。

“阿迪伦达克”号准时起航，一路上风平浪静。沿途我尽量和其他乘客保持距离，只从一位旅伴——他是一位电气工程师——那儿了解一些周围发生的事。他告诉我一件有趣的事情：因为我总是避开大伙儿，从不告诉别人自己的事情，所以，有几个爱开玩笑的人就给我起了一个绰号——“骗子”。

直到轮船进入古巴海域的时候，我才第一次意识到了危险的存在。我身上有一份可能会牵累我的文书，是一封美国国务院写给牙买加官方用来证明我身份的信。如果战争在“阿迪伦达克”号进入古巴海域之前就爆发了，那么，根据国际法规则，西班牙人很有可能会上船来搜查。作为一个非法入境者，一个怀揣情报的人，我可能会被作为战犯逮捕，然后押送到某艘西班牙船上。而这艘英国轮船在屈从于某些条件后也会被击沉，尽管它在战争爆发前悬挂着中立国的国旗，是从一个和平港口驶向一个中立国的港口。

想到事情的严重性，我便把文书藏到了舱房的救生衣里，直到看到轮船绕过了海角，我才长长地舒了一口气。第二天早上九点，我终于上岸，踏上了牙买加的领土。很快，我便与古巴军政府的领导莱先生取得了联系，和他及他的助手一起计划着尽快把信送给加西亚。我在4月8日至9日离开华盛顿，4月20日，从美国发来的电报称，美国限西班牙在4月23日之前同意将古巴交还给古巴人民，并撤走其在古巴的所有武装力量和古巴水域的海军。我用密码电报发出了我到达的消息，4月23日我收到回电："尽快与加西亚将军会面！"

接到电报几分钟后，我便到了军政府的总部，他们正在那儿等着我。另外还有一些流亡的古巴人在场，都是我以前没见过的。当我们正在谈论一些一般性问题时，一辆马车驶了进来。

"到时候了！"有人用西班牙语喊道。

接着，不容分说，我被领到那辆马车上，在里面坐了下来。

于是，无论对于一个现役还是退役的军人而言，堪称最奇异的一次经历就这样开始了。这个马车夫显然是世界上最沉默寡言的马车夫。他既不主动和我说话，我跟他说话他也不加理睬。我一上车，他便开始驾车急速穿过金斯敦迷宫似的街道。马车不停地向前行驶，丝毫没有减速，很快我们便通过了郊区，将整座城市抛在了身后。我敲了敲车门，还踢了一脚，可是，他毫不理睬。

他似乎知道我要送信给加西亚，而他的任务就是以最快的速度帮我结束第一段“旅程”。于是，在我数次让他听我说话的努力都徒劳无功之后，我只好顺其自然，坐回座位上。

又走了四英里，穿过一片茂密的热带树林，我们沿着一条宽阔而平坦的西班牙镇公路快速前进，直到来到一片丛林的边上，我们才停了下来。马车门被打开，一张陌生的脸孔出现在我面前。我被请求转到等候在旁的另一辆马车上。然而一切实在太奇怪了！所有的事都井然有序，仿佛已经事先安排好了。一句多余的话都不用说，一秒钟也没有耽搁。

一分钟后，我又开始了我的旅程。第二个马车夫与头一个马车夫一样沉默寡言。他不理会我尝试和他交谈的任何努力，只顾自己驾着马车以最快的速度向前飞奔。于是，我们很快便通过了西班牙镇，经过科布雷河河谷，到达了岛屿的主山脉，那儿有一条路直通到深蓝色加勒比海边的圣安斯贝。

尽管我一再尝试让马车夫和我说说话，但是他依然一言不发。他好像既听不懂我说的话，也看不明白我的手势，只管驾着马车沿着一条很宽敞的路往前赶。随着地势的升高，我们的呼吸也越来越顺畅。太阳快落山的时候，我们来到了一座火车站旁边。可是，山坡上朝我翻滚下来的那团黑乎乎的东西是什么呢？难道西班牙当局已经预知我的动向，安排了牙买加军官来追踪我？

当这怪东西出现在眼前时，我开始有些着急。但是，当一个年迈的黑人蹒跚地来到马车前，透过门将一只香喷喷的炸鸡和两瓶巴斯啤酒递给我时，我松了一口气。同时，他连珠炮似的说出了一长串当地方言，我只能时不时地听懂几个词，不过我能明白他是在向我表达高度的赞扬，因为我在帮助古巴人民赢得自由，他帮助我也是为了“尽自己的一份力量”。

但是，马车夫却好像一个局外人，无论对炸鸡还是对我们的谈话都丝毫没有兴趣。不一会儿工夫，我们已经换了两匹马再度出发了。车夫用力挥舞着马鞭。我连谢谢也没来得及说，只能向那个年迈的黑人高呼着：“再见，大叔！”刹那间，我们已经绝尘而去，以惊人的速度在夜幕下行进。尽管我完全明白自己肩负的使命有多么重要，但那一刻我为眼前的热带雨林所吸引，而暂时将之抛诸脑后。这里的夜晚和白天一样美丽。不同的是，在阳光下，这是一个四季常青的植物的世界，到了晚上则变成了昆虫的世界，它们飞来飞去吸引人们的注意。短暂的黄昏刚刚结束，夜幕还没有完全降临，萤火虫已经点亮了自己的磷光灯，纷纷涌入树林，有一种奇幻的美丽。这些华丽的萤火虫用它们的亮光照亮了整个森林，当我穿过这片森林时，恍若进入了真正的仙境。

可是，一想到自己需要完成的使命，即便是如此奇妙的景色我也无暇顾及了。我们继续快速前进，驱赶着马，能有多快就跑多快。突然，丛林中传来一声尖厉的哨声！马车停了下来，一群人从天而降一般出现在我们面前。我被一群全副武装的人包围了起来。在英属领土上被西班牙士兵拦截下来我并不感到害怕，但是，这种突然停顿仍然让我很紧张。因为牙买加当局采取的行动可能意味着这次任务的失败，如果牙买加当局得知我违反了该岛的中立原则，那么他们将不会允许我继续前行。如果这些人是英国士兵该多好啊！不过，我的担心很快就消除了。马车夫与他们小声交谈一阵之后，我们又开始上路了！

大约一个小时之后，我们在一栋房屋前停了下来，屋内微弱的光线映出了房子的轮廓。等待我们的是一顿丰盛的晚餐。军政府的人都坚信人应该无所顾忌地大快朵颐。他们首先给我的是一杯牙买加朗姆酒。虽然我们在九个小时左右的时间里行进了将近七十英里，途中换了两班人马，但是，我一点都不觉得疲倦，只觉得这杯朗姆酒是那么令人愉快！接下来就是相互介绍。从隔壁房间走进来一个高大、精壮，看上去十分果断的人。他留着一脸络腮胡，有一只手少了一根拇指；这是一个在紧急关头可以依赖，任何时候都值得信任的人。他的眼神流露出正直、忠诚，显示出他具有高贵的灵魂。他是一个西班牙人，曾经去过古巴，在圣地亚哥的时候因为不满西班牙旧制度，所以被砍掉了一根指头并遭流放。他叫赫瓦西奥·萨维奥，负责护送我找到加西亚将军，把信送达。其他人是受雇来带我离开牙买加的——还有七英里的路程要走——其中一个人例外，他将做我的“助手”，或者说勤务兵。

休息了一个小时后，我们继续前进。离开那座房子大约走了半个小时，我们又听到一阵哨声。停下马车，我们下了车，走进一片甘蔗地，在地里悄悄地穿行了大约一英里路，来到一个毗邻海湾的椰子果园。在离岸五十码远的地方，一条小渔船在水面上轻轻地摇摆着。

突然，小船上亮光一闪。这一定是一个报时信号，因为我们来的时候没有弄出一丝声响。赫瓦西奥显然很满意船员的警觉性，回发了信号。我向军政府雇来的人表达了谢意，然后趴到一名涉水过来的船员的背上，他背我上了船。至此，我完成了给加西亚送信的第一段旅程。

上船后我才发现，为了压舱，船上堆了很多大石头。还有一捆一捆长方形的东西，显然是货物，但是还不至于影响船的前进速度。不过，船长赫瓦西奥加上两名船员，再加上我的助手和我，以及石头和货物，船上所剩的空间就很小了，待着很不舒服。我告诉赫瓦西奥，希望能以最快的速度航行到三英里限制区以外的海域，因为如果没有必要的话，我实在不想再领受英国人的热情招待了。他回答说，我们不得不用桨划船绕过海岬，因为狭窄的海湾里风力太小，无法扬帆航行。不过，我们的船还是很快驶出了海角，迎着一阵微风扬起船帆。于是，我的第二段行程开始了。

我可以毫不犹豫地说，我们出发之后我曾有过十分焦虑的时刻。如果我在距离牙买加海岸三英里的限制区内被捕，那么，我的名誉将受到严重损害。如果在距离古巴海岸三英里以内的区域被逮住，那么，我的生命将危在旦夕。我唯一的朋友就是这些船员和加勒比海。

向北一百英里就是古巴海岸，西班牙轻型驱逐舰在那儿巡逻，舰上装备着小口径枢轴炮和机关枪，船员们都佩有毛瑟枪——我后来才知道，他们的装备比我们船上的要先进得多，我们船上都是些到处能捡到的杂七杂八的小武器。一旦和某一艘驱逐舰相遇，我们几乎没有脱险的可能。但是，我必须成功，我必须找到加西亚，把信送给他！

我们的行动计划是，日落之前一直待在距离古巴海岸三英里以外的海域，然后趁夜色快速扬帆航行或者划船进入，掩藏在某个珊瑚礁后面，在那儿等到天亮。如果我们被抓，由于身上没有任何文件，我们的船很可能被击沉，敌人什么也不会问。装满石头的船很快就会沉入水底，就算有人发现了我们的尸体也说不出个所以然来。现在是清晨，空气清爽宜人，经过长时间旅途劳顿的我正准备睡一觉休息休息，突然，赫瓦西奥一声惊呼，我们一下子全都站了起来。几英里外，一艘要命的轻型驱逐舰径直向我们驶了过来。

一声西班牙语厉声喝令下，船员们降下了船帆。又是一声喝令，除了赫瓦西奥，其他人都躲到了舷缘下。赫瓦西奥悠闲地靠在舵柄上，使船头和牙买加海岸保持平行。“他也许会以为我是一个从牙买加来的‘孤独的渔夫’，从而放我们走。”这位舵手沉着冷静地说。

事实果真如此。当驱逐舰与我们靠近到能听见彼此说话声的时候，那位鲁莽的年轻指挥官用西班牙语冲赫瓦西奥喊道：“捕到什么东西没有？”

我的向导也用西班牙语回答道：“没有，可怜的鱼儿今天早上不上钩！”

如果那位海军少尉候补军官——或者是其他什么军衔的人——能够稍微聪明一点，把船横靠过来，那么他无疑能“捕到什么东西”，我也就不可能写下这个故事了。

等驱逐舰离开我们有一段距离之后，赫瓦西奥命令船员重新升起船帆，转身对我说：“如果先生觉得累了想睡觉，现在就可以尽情放松自己了，我想危险已经解除了。”

即使接下来的六个小时里有什么事情发生，对我也没有造成任何干扰。事实上，我以为，只有热带炙热的阳光能把我从摇摇晃晃的床垫上叫醒，否则我会一直睡下去。但叫醒我的却是古巴人，他们对自己的英语引以为豪，却用西班牙语向我问好：“你好，罗文先生！”

阳光一整天都很灿烂。整个牙买加被晒得通红，看上去就像镶在翡翠座上的一块巨大的宝石。青绿色的天空晴朗无云，往南，牙买加岛的坡面上一片片葱绿，但是北面的天空却一片阴暗。一块巨大的云团笼罩着古巴，我们焦急万分地注视着乌云，却看不到丝毫云破天开的迹象。不过，风开始刮了起来，而且在几小时内风力越来越大。我们正好可以加速前进。赫瓦西奥在舵柄旁愉快地和船员们开着玩笑，嘴里吞云吐雾，看上去就像个火山喷气孔一样。

大约下午四点钟的时候，乌云散尽，马埃斯特腊山脉——古巴岛的主山脉——沐浴在金色的阳光下，尽显其美丽与壮观。这就像掀起遮布，将一位艺术大师无与伦比的绘画杰作展现在了你的面前。在这里，色彩、人群、山峰、陆地和海洋交相辉映，融为一体，壮丽辉煌。在世界上任何其他地方也找不到类似的美景，因为没有哪个地方八千英尺高的山峰竟能如此葱茏，而且还有雄伟的城垛绵延数百英里！

但是，我的惊叹并没能持续多久。赫瓦西奥开始收帆，打断了我欣赏这炫目神秘的景象。我问为什么，他回答道：“我们现在离战区比我预想的要近。不论大海是波涛汹涌还是风平浪静，我们都在驱逐舰的战区内。所以不管是好是坏，我们必须充分利用开阔水域。再往前走，我们就要冒被敌人发现的危险，这完全是不必要的冒险。”

我们匆匆忙忙检查了一下武器。我只带了一把史密斯-韦森左轮手枪。于是，他们发给我一支看上去挺吓人的来复枪。我也许能用它开上一枪，但是，我真怀疑它是否能继续放出第二枪。船员们和我的助手都配发了这样一件吓人的武器，除了领航员，他坐在座位上照看船首三角帆。我此次任务执行过程中真正严峻的时刻即将来临。到目前为止，所有事情都算容易，相对也比较安全。而现在，危险正在向我们逼近，而且是关乎生死的危险。被抓住就意味着死亡，意味着给加西亚送信的失败。

我们距离海岸大约还有二十五英里，可是看上去似乎近在咫尺。直到午夜时分，三角帆才重新扬起，船员们开始用桨划着浅滩的海水前行。这时，一个浪头恰逢其时地在最后抬了一下我们的船，一股强大的作用力将我们推进了一个隐蔽而宁静的小海湾。我们摸黑把船停在距离海岸五十码远的地方。我建议大家立刻上岸，但是赫瓦西奥说：“先生，无论在岸上还是在海上都有我们的敌人，我们最好还是待在原地不动。如果有驱逐舰试图来打探我们，那么他们很可能会撞上我们刚刚经过的水下珊瑚礁，那时我们就可以上岸了，借助葡萄架的掩蔽，我们可以大大方方地行走。”

像雾一样笼罩在海天相接处的热浪已经开始慢慢地散去，大片的葡萄、红树林灌木丛和荆棘树开始展现出来，差不多一直延伸到海水边上了。很难清楚地看见每一件事物，但是，太阳似乎不想让我们对周围的大自然感到更加迷惑，灿烂地升上了古巴的最高点——图尔基诺峰。刹那间，万象更新，迷雾消失了，笼罩在山脚灌木丛中的黑影不见了，拍打着海岸的灰色海水也奇迹般地变成了奇妙的绿色。这是一次辉煌的胜利，光明战胜了黑暗。

船员们已经在忙着往岸上搬东西了。看见我默默地站在那儿，神色迷茫——因为我正在想着一位诗人写的几句诗：

黑夜的蜡烛已经燃尽，
欢快的白天踮起脚尖站在雾霭茫茫的山顶上。

这位诗人写这首诗时，脑海中浮现的一定是和现在相似的场景——赫瓦西奥轻声对我说：“那是图尔基诺峰，先生。”

不过，我的幻想很快就结束了。货物已经卸完了，我被送上岸，船也被拖到了一个小海湾里，然后倒扣过来藏进了丛林中。这时候，一群衣衫褴褛的古巴人围聚到我们上岸的地方来了。他们从哪儿来，如何得知我们是自己人的，这些问题我一点也不明白。毫无疑问，他们之间已经交换过某种暗号了，他们是来当挑夫的。在他们当中有些人曾经当过兵，有些人身上还有被毛瑟枪的子弹击中留下的疤痕。

我们上岸的地方好像是从海岸通往丛林的各条道路的交会点。向西大约走一英里，一股股小烟柱正从植被中袅袅升起。我听说这些烟柱是从“制盐场”，也就是古巴难民熬盐用的锅中冒出来的，他们从恐怖的集中营逃出来后就躲藏在这些深山里。

我的第二段“行程”到此就结束了。

到目前为止我们已经经历了许多危险，然而，从这一刻起，将有更多的危险等着我们。西班牙军队正在大肆搜捕古巴人，由号称“屠夫”的韦勒率领的部队，无论对武装人员还是对从集中营中出逃的难民——即使他们手无寸铁——一经发现，决不留情。我知道，余下的路途将充满艰险，但是，我无暇考虑这些，我必须立刻上路！

这个地方的地形很简单，向北有一片大约绵延一英里的狭长平地伸向内陆，被丛林覆盖着。大家要做的事就是开路，而且也只有土生土长的古巴人才能在这迷宫一样的路网中开路。很快，

送信途中偶遇古巴难民的“制盐场”

炎热的天气就令我难以忍受，那些同行的伙伴让我很是羡慕，他们身上没有穿一件多余的衣服。

我们继续向前行进。很快，大海和高山都被遮住看不见了，甚至彼此之间也看不清楚，茂密的树叶、蜿蜒曲折的小路和炽热的薄雾很快便遮挡住了一切。太阳的炙烤把这片丛林变成了一个小型的炼狱，尽管我们无法透过遮天蔽日的绿色看见太阳。不过，当我们渐渐远离海岸，走近那些山丘的时候，丛林开始被一片更广阔但植被没有先前那么茂密的绿林取代。

不久，我们来到了一块林中空地，在那儿找到了几棵果实累累的椰子树。椰子汁既新鲜又凉爽，犹如一剂灵丹妙药，滋润了我们干得冒烟的喉咙。可惜，我们不能在这个舒适的地方逗留太久。还有几英里的路程摆在我们面前，我们必须在天黑前翻越几个十分陡峭的山坡，到达另一块隐蔽的空地。很快，我们就进入了一片真正意义上的热带雨林。在这儿，我们的行程要稍微轻松一些，因为有空气流动，尽管不易觉察，但是却让人觉得呼吸顺畅了许多，也更加神清气爽。

从波蒂略到古巴圣地亚哥的“皇家公路”横穿这片森林。当我们接近公路的时候，我发现我的同伴们一个接一个地消失在了丛林中，很快就只剩下我和赫瓦西奥两个人了。我转身想问他一个问题，却看到他将一根手指放在唇上让我噤声，并示意我准备好来复枪和左轮手枪，紧接着他也隐身进了树丛中。

我很快就明白了他这些奇怪举动的原因。耳边响起了马蹄声，西班牙骑兵所佩带的短刀发出的"咔嗒咔嗒"的声音，偶尔还有命令声传进我的耳朵里。要不是同伴们的警觉性高，我们恐怕已经走上公路，正好与敌军正面遭遇！我扳起来复枪的击铁，将史密斯-韦森左轮手枪准备就绪，紧张地等待着接下来可能会发生的事情。我随时准备着听到枪声响起。然而，并没有枪声传来，我的同伴又一个接一个地回来了，赫瓦西奥和几个人最后才出来。

"我们分散开是为了万一被发现时能麻痹敌人。我们分开在公路沿线一个较大的范围，这样，一旦开火，敌人就会误以为是我们埋伏起来发动的武装袭击。这本来应该是一次成功的袭击。"赫瓦西奥带着遗憾的神色补充说，"不过，任务第一！"他笑了笑，"娱乐第二！"

在起义军经常经过的小路旁，大家有个习惯：他们会生点儿火，将一些红薯埋在热灰里烤。如果有队伍经过，饿了的队员就可以拿出来吃。那天下午，我们就碰到了这样一个火堆。每个人都吃到了一个烤红薯，然后，我们埋了火堆，继续前进。

吃红薯的时候，我想起了革命时期的马里恩和他的战士们，他们打仗的时候也这样吃过东西，于是，我的脑海中闪过这样一个念头：既然马里恩和他的部队能够取得胜利，那么这些古巴人也能取胜，因为他们同样被争取民族自由的精神鼓舞着，这种精神曾经激励了我的祖国的爱国先辈们。想到自己所肩负的使命就是送信给他们的将军，尽可能促成我的国家的士兵来为他们作战，从而能够帮助这些努力奋斗的人，一种自豪之情油然而生。

到达那天行程的终点时，我注意到了一些穿着很奇怪的人。

“这些是什么人？”我问。

“他们是西班牙军队的逃兵，先生。”赫瓦西奥回答道，“他们从曼萨尼约逃出来，他们说是因为无法忍受饥饿和长官的残暴虐待才出逃的。”

目前这种情形，逃兵有时候是有价值的。但是，在这荒山野岭中，我宁愿与他们保持距离。谁敢保证他们当中不会有人在什么时候溜出营地去向西班牙军队报告：有个美国人正在穿越古巴，

卡利斯托·加西亚等人与古巴志愿军在一起

很明显是在向加西亚将军的营地进发。难道敌人不会想尽一切办法来阻止我完成任务吗？于是，我对赫瓦西奥说：“仔细盘问这些人，确保我们在此逗留期间不让他们离开营地！”

“是，先生！”他回答道。

幸好我发出了这样的命令，才得以顺利完成任务。事实证明，我认为可能会有某些逃兵跑出去，向西班牙将领报告我的行踪的想法是完全正确的。虽然无端猜测那些逃兵中有人会知道我的任务对他们是不公平的，但是，我的出现却足以引起两个人的怀疑——他们最终被证实是间谍，而且差一点就刺杀了我。这两个人决定当晚离开营地，穿越丛林到西班牙前线去报告消息：有个美国军官正被护送着穿越古巴。

午夜过后不久，我被哨兵的质询声惊醒，紧接着听到一声枪响，几乎与此同时，一个黑影出现在我的吊床边。我一下子跳了起来，落到吊床另一边。这时又出现了另外一个人影，还没等我反应过来，第一个人就被砍刀砍倒在地，这一刀从他的右肩一直贯穿到肺部。可怜的家伙在临死前告诉我们，他们商量好了，如果他的同伴没能逃出营地，那么他就要杀掉我，不管我负责的是什么计划，都要阻止我完成。哨兵开枪打死了他的同伙。

第二天直到很晚，我们才备齐了所需的马匹和马鞍，可时间已经太晚了，我们无法继续前进。我因为耽搁了行程而焦躁不安，但却无济于事。

马鞍比马还难弄到。我有些不耐烦了，于是问赫瓦西奥：“为什么非得用马鞍而不直接骑马上路呢？”

“加西亚将军正在围攻古巴中部的巴亚莫城，先生。”他回答道，“我们要走相当远的一段路才能到达那儿。”

这就是我们必须找到马鞍和马饰的原因。一个同伴看了看分给我的马，很快帮我装上了马鞍。在四天的骑行过程中，我对向导的先见之明越来越佩服。要是我不用马鞍直接骑在马背上，这将意味着我要遭受一次残忍的酷刑。不管怎样，我都要称赞一下这匹马，套上马鞍和马饰后真是一匹精神抖擞的骏马，美国草原上任何一匹精心饲养的马都与之相去甚远。

离开营地后，我们沿着山脊行进了一段距离。如果是一个不熟悉路径的人，他肯定会在这迷乱的荒野中陷入绝境。但是，我们的向导似乎对这些蜿蜒的小路了如指掌，仿佛自己正走在宽阔的大路上一样。

我们刚刚离开一座分水岭，开始从东面山坡往下走时，突然碰到一群小孩和一个白发披肩的老人向我们问好。队伍停了下来，长者和赫瓦西奥交谈了几句，接着，森林中响起了“万岁”的呼声。这是在为美国欢呼，为古巴欢呼，为“美国代表”的到来而欢呼。这真是感人的一幕。我始终不知道他们是怎么得知我的到来的，但是，消息在丛林里飞快地传开，我的到来让这个老人和这群小孩十分高兴。

当晚我们在亚拉宿营，一条河流流经我们宿营的山丘。我意识到我们所处的地带潜伏着危险。这儿建有许多战壕，为了在西班牙军队从曼萨尼约攻打过来时防守峡谷。在古巴历史上，亚拉是一个非常伟大的名字，因为在1868—1878年的十年战争中，第一声对自由的呼唤就是从亚拉这座小镇发出的。他们让我把吊床挂在一座战壕后面，顺便说一下，这座“战壕”其实并不是战壕，而是一堵齐胸高的石墙。我还注意到，他们不知道从哪儿招来一名卫兵，一整夜都在站岗放哨。赫瓦西奥不想让我的任务出现任何闪失。

第二天早上，我们开始攀登马埃斯特腊山的一个支脉，山峰从马埃斯特腊山脉向北延伸，形成了这条河流的东岸。我们沿着风化了的山脊向前行走。危险就隐藏在低洼处，我们很可能遭遇埋伏、枪击，或者被西班牙机动部队切断去路。

我们要涉过多条小河，堤岸笔直陡峭，我们开始不停地上上下下、攀高爬低。在我的一生中曾经看到过许多野蛮对待动物的场景，但都不及这一次残忍。为了让这些可怜的马走下峡谷然后再爬上去，我们必须使用超乎想象的刑罚手段。可是我们实在没有办法，我必须把信送给加西亚。在战争期间，当成千上万人的自由都处于危急关头，几匹马遭点罪又算得了什么呢？我很同情这些牲畜，但是现在没有时间多愁善感。让我感到十分宽慰的是，我所经历的最艰难的一天骑行总算结束了。我们在希瓦罗森林边缘的一幢小屋前停了下来，它被包围在一片玉米地当中。屋椽上挂着刚宰杀的新鲜牛肉，厨师正忙着在户外为“美国代表”准备美餐。

有人已经通报了我的到来，为我准备的大餐包括新鲜的牛肉和木薯面包。

刚刚吃完丰盛的大餐，忽然听到一阵喧闹的骚动，从林边传来说话的声音和踢踏的马蹄声。原来是里奥斯将军参谋班子里的卡斯蒂略上校到了。他以训练有素的军官风度代表他的首长对我的到来表示欢迎，首长预计将于第二天早上到达。然后，他又跳上马背，身手就像运动员一样敏捷，用马刺使劲策马，像他来时一样，风驰电掣般地离去。

他的欢迎让我确信，我的确是在一名经验丰富的向导的带领下前进。

第二天早晨，里奥斯将军来了，与他同来的还有卡斯蒂略上校，他送给我一顶标有“古巴生产”的巴拿马帽子。

里奥斯将军有“海岸将军”之称。他的皮肤非常黑，显然具有印第安人和西班牙人的血统，走起路来像运动员一样步履轻健。在他管辖的范围内，西班牙军队没有一次突袭能取得成功，他随时都准备好了迎战。他的情报来源和直觉都十分神奇。转移那些躲藏的家属，给他们提供给养是一项艰难的任务，但是他却顺利完成了，可想而知，预先得知敌军的活动情报有多么重要。西班牙人采取的对策就是进入森林对他们进行扫荡，如果一无所获，就将整个地区夷为平地。与此同时，里奥斯将军却采取游击战术，他的部队常常对西班牙队伍进行乱射，有时候能对敌人造成极大的杀伤效果。

里奥斯将军另外派了两百名骑兵护送我。我们排成一列纵队前进，如果此时有人能看到我们，将会发现我们的队伍相当壮观。必须承认，我们是一支训练有素、行动迅速的队伍。我们再度进入森林，隐蔽在马埃斯特腊山的绿树浓荫里。这条路相对来说要平坦一些，但是间或也横亘着堤岸陡峭的水道。山路都很窄，我们经常会撞上树干，被刮破皮肤，还得不停地清理掉到马背上的东西。令我惊叹的是，向导的步伐依然十分稳健。我处的位置通常是在队列中间，但是我很想走近去看看队首打头的那位壮汉，于是在下一个水道交叉处，我策马向前去，对他仔细观察了一番。他是一个黑人，皮肤简直黑得像炭一样，名叫蒂奥尼斯托·洛佩兹，是古巴军队的一名中尉。他能在人迹罕至、枝繁叶茂的森林中探索出路径。他使刀的本领简直令人叹服。一路上，他为我们在丛林中开路，蛛网一般的藤蔓被他稳健的刀劈下后纷纷倒向两边，封闭的空间变成了开放的空地。他看上去就像永不知疲倦似的。

4 月 30 日晚上，我们到达了里奥布埃河，这是巴亚莫河的一条支流，距离巴亚莫城二十英里。我们刚刚把吊床拉好，赫瓦西奥脸上就带着满意的笑容出现在我们面前："他就在这儿，先生！加西亚将军就在巴亚莫，西班牙人正在向考托河下游撤退。他们的后卫部队在考托河内河码头。"

我急于和加西亚将军取得联系，于是建议连夜赶路。但是，经过一番讨论，大家认为这样做无济于事。

在我们的重大事件日程表上，1898 年 5 月 1 日这一天是“杜威日”。当我在古巴的森林中沉沉入睡的时候，这位伟大的海军将领正在科雷希多岛冒着枪林弹雨朝马尼拉湾艰难行进，去摧毁西班牙舰队。就在那天我给加西亚送信的途中，他击沉了西班牙战舰，武力逼近菲律宾首都。

那天一大早我们就上路了。我们沿着通往巴亚莫平原的山坡上的一层一层的梯田往下走。这片辽阔的土地因为荒废多年，现在看上去就像未曾有过人烟似的。坎德拉里亚被焚毁的农场留下的黑色废墟，无声地诉说着西班牙的战争手段。我们终于进入了平原地带。之前，我们在荒野中骑马走了一百多英里，几乎看不出一点人类曾在这片大自然惠赐的地方生活过的痕迹，原先的热带花园如今已杂草丛生。穿过足以让我们的队伍隐身的疯长的野草，顶着火辣辣的太阳，忍受着难耐的酷热，我们就这样一直向前走。但是，一想到我们的目的地就在前面不远的地方，我们的任务快要完成，所有的不适都抛在了脑后，就连筋疲力尽的马儿好像也感受到了我们的期盼和热望。

我们找到了通往曼萨尼约—巴亚莫的皇家公路。在那儿碰到了许多衣衫褴褛但却兴高采烈的人，他们正急匆匆地往城里赶。这些快活的人叽叽喳喳地交谈着，不禁让我想到了在我们途经的丛林中尖叫的鹦鹉。他们这是在返回自己被驱逐出去的家园。

骑马从河东岸的帕拉勒约到城里很近，这本来是一座拥有三万人口的城市，但现在却变成了一个大约只有两千人的小村庄。它被一排碉堡包围着，西班牙人曾经在河两岸建了许多碉堡。当我们来到这儿，首先映入眼帘的就是这些堡垒，袅袅升起的烟让它们愈发引人注目。这些火是古巴人进入这座坐落在曾经繁荣昌盛的河谷中的昔日大都市时点燃的。

我们在河岸边迅速列好队，等赫瓦西奥和洛佩兹与守卫交谈之后我们开始继续前进。行至中游，我们停下来饮马，自己也休息了一会儿，为我们最后的冲刺——将一个掌握着古巴战争命运的军官送到胡卡罗—莫龙铁路线的东边——积蓄力量。引用当天报纸的话说："古巴将军们称，罗文中尉的到来激起了整个古巴军队的极大热情。"

几分钟后，我来到了加西亚将军面前。

这段漫长的、艰辛的、危险重重的，随时都可能失败，随时都可能送命的旅程终于结束了。

我成功了。

我们来到加西亚将军的指挥部前，一面古巴国旗在大门上斜插的旗杆上轻轻飘荡。在这种环境下，以这种方式见到自己受命要见的人让我感到十分新鲜。

我们排成一行，同时下马，立正。加西亚将军认识赫瓦西奥，于是他上前走到门口，获准进入。很快，他就和加西亚将军一起回来了。将军热情地欢迎我，并邀请我和我的助手进去。将军将我一一介绍给自己的部下——他们都穿着洁白的军装，佩带着随身武器。将军向我解释，他之所以来晚了，是因为他们对赫瓦西奥从牙买加的古巴军政府那里带来的关于我的证明文件进行了必要的审查。

幽默无处不在。军政府写来的信件将我称为“密使”，而翻译人员却将之翻译成了“自信的人”。吃完早饭，我们开始谈论正事。我向加西亚将军解释说，我的任务纯粹是军事任务——我离开美国的时候带来了外交国书；美国总统和作战部急欲了解有关古巴东部战局的最新消息（另外有两名军官曾经被派往古巴中部和西部，可惜他们都没有到达目的地）。美国急需了解的情况包括：西班牙军队占领区的形势；西班牙军队的状态和人数；

卡利斯托·加西亚

军官，尤其是高级军官的性格特征；西班牙军队的士气；整个国家和各个地方的地形、通信状况，尤其是路况。简而言之，他们需要了解任何与美国作战部署有关的资料。最后，也是最重要的一点，是加西亚将军对作战计划的建议，是联合作战还是分开作战，以及美军和古巴军队如何配合。另外，我还告诉加西亚将军，我们政府也很希望了解古巴军队在以上方面的信息，或者将军看看能够提供些什么情况。如果与他的计划不矛盾的话，我愿意跟随古巴军队一起去亲历战场，将军可以给我安排一个他认为合适的身份。

加西亚将军沉思片刻，然后和所有部下一道退了出去，只留下他的儿子加西亚上校和我待在一起。大约三点钟的时候，将军回来告诉我，他决定派三名军官和我一起回美国。这三名军官都是土生土长的古巴人，训练有素，久经考验，非常了解自己的国家，并且他们此次身份特殊，可以回答我们可能提出来的任何问题。就算我在古巴待上数月，恐怕也未必能做出如此完整的报告，而且现在时间非常宝贵，美国政府越早获得情报，对双方就越有利。

他进一步阐明，他的士兵需要武器，尤其是大炮，这在攻击碉堡时非常重要。弹药也十分短缺，由于他们现在使用的许多来

卡利斯托·加西亚等人在开作战会议

复枪口径不一，因而很难弄到充足的补给。他想，如果能用美国的来复枪重新装备一下他的军队也许更好，那样的话问题就简单多了。

和我们一同走的有赫赫有名的科利亚索将军、坎尔南德斯上校、别塔医生——他非常了解古巴岛乃至整个热带地区的疾病情况——另外还有两名熟悉北部海岸的水手；倘若美国决定为古巴提供所需的军事装备，那么他们将在返回的征途中发挥重要的作用。

我那天能继续说下去吗？我还能再问一些问题吗？还能再问一些其他的问题吗？我连续赶了九天的路，经历了各种各样的地形，我真希望能有机会仔细看一看周围奇特的环境。但是，我的回答犹如他的问题一样果决。我简洁地答道："遵命，长官！"为什么不呢？加西亚将军以他敏锐的洞察力以及快速适应各种状况的能力，已经为我免除了好几个月的无益辛劳，并且还可以使我们国家获得有关这个岛现状的详细情报，和古巴人民自己掌握的情报一样详尽，当然也不会比敌人掌握的情报差。

在接下来的两个小时里，他们为我举行了一次非正式的招待会。五点钟招待我们吃了临行前的最后一顿晚餐。宴会结束时，我被告知护送我的人已经在门外等候了。我走到街上，令我感到意外的是，在队伍里并没有我原来的向导和同伴。我请求见赫瓦西奥，于是赫瓦西奥和其他从牙买加来的队友一起走了出来。赫瓦西奥想和我一起走，但是加西亚将军不同意，因为南方海岸需要他们效力，而我将从北方返回。我向将军表达了我对赫瓦西奥和他的船员们，以及从马埃斯特腊山要塞征召过来的那些骑兵的感激之情。一个真正的拉丁式拥抱后，我走过去，上马。当我们的马向北方疾驰而去的时候，三阵欢呼声腾空响起。

我终于把信送给了加西亚将军！

送信给加西亚将军的路途上虽然危险重重，但相比我返回美国的行程，它却重要得多。现在，战争已经爆发，西班牙人非常警惕，他们的士兵在海岸上到处巡逻，每一个海湾和海口都有他们的舰船把守，他们堡垒里的大炮随时准备着毫不犹豫地向任何违反战争规则的人开火。在敌人的领域内，不管我是出于何种目的来到这儿，他们都会把我当成间谍。一旦被发现就意味着死亡，绝难逃脱。

同时，我还没有将大海和天气可能产生的恶劣因素考虑在内，很快它们将向我证明，成功不仅仅是完成一次远航的问题。但是，我还是必须努力，并且一定要取得成功，否则我的使命将

美西战争

无果而终。战争的胜败在很大程度上，或许就取决于这次任务能否圆满完成。

我的同伴和我一样也有这种油然而生的忧虑，因而当我们穿越古巴向北行进时十分小心谨慎。我们绕过西班牙军在考托河内河码头的阵地——那里是河上交通的要津，至少对炮艇来说是这样——直至到达水瓶状的马纳蒂港。港口对面有一座巨大的堡垒，大炮林立，守卫着入口。万一西班牙士兵知道了我们的到来，我们就彻底完蛋了！不过，也许正是我们的胆大妄为拯救了我们。谁能想到，像我们这样身负如此重任的"敌人"会选择从这儿上船？

我们搭乘的是一条小船，容积为一百零四立方英尺。船帆是由麻布袋拼接成的，口粮只有煮熟的牛肉和清水。就是这样一条小船将载着我们远航，而且我们还真的向北扬帆航行了一百五十英里，到达了新普罗维登斯岛上的拿骚市。想象一下这是什么样的情形：我们在敌人的海域里航行，敌人的快艇和装备精良的驱逐舰在四周巡逻，而我们乘坐的却是这样一条小船！但是，正所谓"破釜沉舟，背水一战"！这是我们圆满完成任务的唯一办法。

显而易见，这条小船无法承载我们六个人。于是别塔医生只好骑着马和护送人员一起返回巴亚莫，而剩下的五个人则准备向西班牙大炮发起挑战，乘着这条用麻布袋做帆、比一叶轻舟大不了多少的小船与西班牙炮艇斗智斗勇！

正当我们决定出发的时候，狂风暴雨骤起，海上一时间波涛汹涌，使得我们不敢贸然出海。然而，就算原地等待也是非常危险的！因为现在正是月圆时期，一旦暴风将云层吹散，我们的行踪就会暴露。但是，命运之神眷顾了我们！

十一点钟的时候我们上船了。因为只有五个人，船在水里行进得很顺利。凌乱的云层迅疾地从月亮前飘过，一会儿遮住我们，一会儿又将我们暴露。我们四个人划桨，一个人掌舵。经过堡垒时我们并没有看到它，或许也正因为如此我们才没有被发现吧。但是，也不难想象大炮张着黑洞洞的大嘴随时准备向我们开火的画面。我们继续艰难跋涉，随时等着听到大炮的轰鸣声和“嗖嗖”的枪声！我们的小船就像一只蛋壳一样在海里跌跌撞撞，摇摇晃晃，好几次差点翻船。但是，我们的水手熟悉航道，我们的麻布袋船帆也经受住了考验，于是，很快我们就仿佛在穿越“荒无人迹的草原”一样，开始勇往直前了。

极度的辛劳让我们十分疲倦，而且总是从一个浪头划到另一个浪头，非常单调乏味，我竟然直端端地坐着睡着了。但是，没睡多久，一个巨浪袭来，我们的船几乎灌满了水，差点翻了船。从那一刻起，再也没有谁能睡上一会儿了。我们不停地舀啊，舀啊，一整晚都在往外舀水。突然，太阳穿过薄雾出现在地平线上，我们浑身都被海水浸透了，筋疲力尽，看到阳光不禁高兴万分！

“有一条船（一条蒸汽船），先生们！”舵手大喊。

大家的心一下子提到了嗓子眼儿！万一是一艘西班牙战舰怎么办？那将意味着我们在劫难逃。

“两条，三条，见鬼！十二条船！”舵手大叫着，其他同伴也跟着他叫了起来。难道真是西班牙舰队？

还好不是！是桑普森海军上将的战舰正全速向东驶去，去攻打波多黎各的圣胡安！

我们大大松了口气！

那天一整天我们就在烈日的炙烤下一直舀啊，舀啊。然而，大家都没有睡意，谁也不敢放松紧绷的心弦。尽管有美国军舰出现，但是西班牙炮艇也有可能躲过他们的警戒，若果真如此，他们就可以追上来抓住我们。夜幕降临在我们五个精疲力竭的人周围。疲累几乎要将我们击垮了，但是我们绝不能歇一下。随着黑夜的降临，海风再度刮了起来，随着风力越来越大，波涛开始翻滚。于是，为了不让我们的小船沉下去，我们又开始不停地舀水，舀水，舀水。一直到第二天，5 月 7 日早晨十点钟左右，我们看见巴哈马群岛安德罗斯岛南端的柯利群岛的那一刻，才终于有了如释重负的感觉，十分高兴地上岸休息了片刻。

那天下午，我们赶上了一艘采集海绵的大帆船。船上有十三名黑人船员，这些黑人说一种古怪的方言，我们一点也听不懂。但是，手势是通用的语言，很快我们就协商好了换船。这艘船上带着几口生猪当食物，而且还带了一架手风琴。我这辈子都不想再听到手风琴的声音了！当时我已经疲累到了极点，然而手风琴刺耳的声音却让我难以入眠。

第二天下午，我们在绕过新普罗维登斯岛东端时被检疫官员抓住，关在了霍格岛上，他们的借口是我们得了古巴黄热病。

但是，第二天，我给美国总领事麦克莱恩先生捎了个口信，于是，在他的安排下，我们于 5 月 10 日获释。5 月 11 日，“无畏”号帆船开到了码头，我们上船，再度开始了航程。

当船到达佛罗里达群岛后面时，我们就没有那么幸运了。风停了，5 月 12 日，一整天小船都无法航行。不过，到了晚上微风吹起，因而 5 月 13 日早上的时候，我们已经顺利抵达了基韦斯特。

那天晚上，我们坐火车到了坦帕，然后在那儿换乘火车前往华盛顿。我们按预定时间准时到达，我向战事秘书拉塞尔 · A. 阿尔杰做了汇报。他听了我的陈述后，让我带着加西亚将军派来的人去向迈尔斯将军汇报。接到我的报告后，迈尔斯将军给战事秘书写了一封信：“我推荐美国第十九步兵团一等中尉安德鲁 · S. 罗文为陆军中校。罗文中尉进行了一次古巴之行，与起义军及加西亚中将取得了联系，为美国政府带回了非常重要和宝贵的情报。这是一项极度危险的任务，我的意见是，罗文中尉完成了战争史上非常少见的一次英勇无畏的英雄壮举。”

大约在我回来一天之后，我在迈尔斯将军的陪同下参加了一次内阁会议。会议结束时，麦金莱总统向我表达了祝贺和感谢，感谢我把他的愿望传达给了加西亚将军，并高度评价了我的工作。

“你表现得非常勇敢！”他最后说道。这件事对我来说是第一次，我不仅完成了一次任务，而且完成了一个“不追问为什么”、只服从命令的军人应该完成的任务。

我把信送给了加西亚将军。

A MESSAGE TO GARCIA

By ELBERT HUBBARD

登有《致加西亚的信》的期刊

附录一

上帝为你做了什么

马克·戈尔曼

一百多年前，为了填补一本即将出版的杂志的一处空白，有人写了一篇简短的文章。这是一篇关于一位美国军人的文章，正是这篇看上去无关紧要的文章，后来竟然成了印刷史上出版最多的文献之一。《致加西亚的信》已经被翻译成世界上的多种语言，印数超过了一亿册。这篇文章的重要意义到底是什么，竟然在全世界引起了这么大的轰动？

1899 年，一位叫埃尔伯特·哈伯德的人为一本名为《菲利士人》的小杂志写了一篇评论。喝茶的时候，哈伯德和他的家人在一起讨论美西战争。大家都为古巴起义军领袖卡利斯托·加西亚将军喝彩，认为他对古巴战争取得胜利起到了关键作用。这时，哈伯德的儿子伯特却提出了异议。

“在我看来，”伯特大胆地说，“这场战争中真正的英雄并不是加西亚将军，而是罗文中尉，那个把信送给加西亚将军的人。”儿子的话跃进了哈伯德的脑海。

于是，哈伯德写下了《致加西亚的信》这篇文章，并印刷出版。他并没有怎么在意这篇文章，直到杂志开始收到要求加印那一期的请求。要求加印的请求越来越多，令这本杂志实在穷于应付。看着这些汹涌而来的订单，哈伯德感到迷惑不解，于是询问了人们对这期杂志如此感兴趣的原因。当他得知这些订单都是为了他为杂志补白写的关于罗文的那篇文章时，感到十分惊讶。订单一来就是十万份，五十万份，一百万份。最后，哈伯德不得不准许那些需求量极大的人重印，因为他的印刷能力有限，无法承担如此巨大的印量。为什么有这么多人对这篇关于一位默默无闻、名叫安德鲁·萨默斯·罗文的中尉的文章如此感兴趣呢？原因就在于：每个人都在寻找像罗文这样的人！

1895 年，古巴这个小岛国正在为摆脱西班牙的统治而斗争。占领古巴的西班牙士兵残酷地压迫岛上的人民。古巴人民急切地渴望获得自由。美国非常关心古巴的情况，这不仅仅是因为古巴在地理位置上与美国相邻，而且还因为那儿有美国的经济投资。到了 1897 年，古巴的形势进一步恶化，在哈瓦那的大街上，古巴民族主义者和西班牙士兵之间的冲突引发了骚乱。麦金莱总统派遣“缅因”号战舰进驻古巴境内，清楚地表明美国势力在古巴的存在。这艘美国战舰停靠在哈瓦那海港，向西班牙政府传达着一个清晰的信号：美国将致力于保护其在古巴的利益。尽管战舰停在那里很有威慑力，但是，“缅因”号并没有参与任何反对西班牙的敌对行动。

然而，1898 年 2 月 15 日，一声巨响撼动了哈瓦那港，美国战舰“缅因”号突然爆炸沉没。距离美国海岸不到一百英里发生的这一公然挑衅行为令美国人民十分震惊。麦金莱总统向西班牙政府发出最后通牒，要求其撤出古巴。4 月，美国与西班牙正式开战。最终，美西战争不仅为古巴赢得了民族独立，同时也解放了亚洲的菲律宾群岛。

就在对西班牙宣战前夕，麦金莱总统会见了美国军情局局长阿瑟 · 瓦格纳陆军上校。麦金莱总统问：“在哪儿能找到一个可以帮我把信送给加西亚的人？”古巴起义军与美国的合作对这次战役的胜利起着关键作用。因此，迅速与起义军领袖卡利斯托 · 加西亚将军——一个在古巴出生的克里奥尔人——取得联系显得至关重要。此时加西亚将军正身处古巴深山的某一处，带领起义军为争取独立自主而奋战。他是西班牙军队全力追捕的人物，没有人知道他具体身在何处。

瓦格纳上校毫不犹豫地对总统说："有这么一个人，一个年轻的军官，安德鲁·萨默斯·罗文中尉。如果说有人能把信送给加西亚，那么这个人就是罗文。"

一小时后，瓦格纳上校已经站在了罗文中尉面前。"年轻人，"这位长官说道，"你必须把一封信送给加西亚将军，他可能在古巴东部的某个地方……从计划到行动你必须亲自负责。这是你的任务，而且责无旁贷。"然后，瓦格纳上校一边和罗文握手，一边重复道："一定要把信送给加西亚将军。"罗文没有提出任何质疑，便开始了寻找加西亚的旅途。

罗文顺利地将信送给了加西亚将军，并给麦金莱总统带来了回复。他从来没有问过"他在哪里""他长什么样""谁是他的联络人""我怎么到那儿"等类似问题，他只是接受了命令，做他受命要做的事。

我们当中有罗文这样的人吗？有没有人能够不问上司任何问题就去把信送给加西亚？有没有不需要雇主全程手把手指导就能完成工作任务的人？如果没有，那么这位老板还不如自己去做。

有没有这样的人，我只需吩咐他去完成一项任务，等我下一次见到他的时候，他就告诉我："我已经干完了。接下来需要我做什么？"在哪儿才能找到这样的人呢？他在哪里？我能找到一个"罗文"吗？有没有能把信送给加西亚的人？

这种人确实有，只是不太多。现在可能就有一些像罗文一样的人，正在阅读这篇文章。世上总会有一些人是不同寻常的。不同寻常就意味着超越常人。这些人不仅会做别人期望他们做的事，还会超越他人的期望，追求卓越。以下摘自埃尔伯特·哈伯德一百多年前写的那篇文章，但看上去却像出自今天的手笔：

> 我想强调的重点是：麦金莱总统将一封写给加西亚的信交给罗文，而罗文接过信，并且没有问："他在哪里？"
>
> 太伟大了！这样的人应该为他铸造一座不朽的青铜雕像，并且把雕像立在全国各所大学里。年轻人需要的不仅仅是学习书本知识，也不仅仅是聆听这样那样的教诲；他们需要的是一种能让他们坚持向上的敬业精神，让他们能够忠于别人的信任，行动果决，集中精力、全心全意地去做一件事——把信送给加西亚。
>
> …………

读者不妨来做个试验。假设你现在正坐在办公室里，你可以随时给六个员工安排任务。随便叫来其中的一个，对他说："请你查一查百科全书，帮我做一份有关柯勒乔生平的简要备忘录。"这个员工是否会平静地回答"好的，先生"，然后就去执行任务呢？

无论如何他都不会。他会用疑惑的眼神看着你，然后问你下面这些问题当中的一个或者更多：

"他是谁？"

"哪一本百科全书？"

"百科全书在哪儿？"

"雇我来是做这个的吗？"

"为什么不让查理去做这件事？"

"他还在世吗？"

"着急要吗？"

"要不要我把百科全书搬过来你自己查一下？"

"你为什么要查他呢？"

…………

此时，如果你够聪明，就不会费心向你的"助手"解释，柯勒乔的资料应该在以C字母开头的索引中查找，而不是在以K字母开头的索引中查找，你会微笑着对他说"没关系"，然后自己去查。

一百多年以来，人们并没有多大变化，不是吗？每当我交给别人一项任务，而当他们开始连珠炮似的发问时，我立刻就会心想：“这个可怜的人不可能把信送给加西亚。”

能够把信送给加西亚的人很少。大多数的人都满足于现状——只要做到普普通通就行。我无法理解这种满足于平庸的心态。只有你决定要成功，你才会获得成功。只有当你下定决心不让生活为你做决定，你才会获得成功。我们要为自己做决定。你可以选择“得过且过”，也可以选择出类拔萃。

我想起了《圣经·马可福音》里的一个故事：经过一段长途跋涉之后，耶稣和他的信徒们都很饿。耶稣走到一棵漂亮的无花果树前，然而树上却没有果实。于是，耶稣诅咒了这棵树，因为它不结果实。第二天，当他们再次从这棵树旁边经过的时候，有个信徒发现，这棵无花果树已经枯死了。

最近，我在读这则故事的时候，注意到了一些在我以前的阅读过程中被忽略的东西。这篇经文说，那棵无花果树没结果实是因为没到季节。显而易见，我的问题是：“主啊，你对这棵树的惩罚是否有些过于严厉了？要知道，在那个季节，没有哪棵无花果树会结出果实。”

后来，在那晚深夜两点的时候，我突然从床上坐了起来，因为上帝在对我说话。他说：“如果你所做的一切都是自然而然地发生，那么你就不会被我铭记。”

上帝不希望我们只做那些自然而然发生的事情，他希望我们做的要远远超过方便和舒适。对于我们来说，在生活的长河中随波逐流就是平庸，甘于平庸是上帝最不愿意你我做的一件事。耶稣用那棵无花果树的例子来告诉我们，他想要我们怎么做。他希望那棵树能够多产，一年四季都硕果累累。既然你可以选择比大部分人都优秀，为什么还要甘于平庸呢？如果你可以在一年中的某一天结出果实，那么为什么不在一年三百六十五天中天天结果呢？为什么我们只做那些人人都在做的事情呢？为什么我们不能超越平庸呢？

没有人能够自然而然就赢得奥林匹克竞赛，把金牌捧回家的运动员，必须超越已有的纪录。我厌倦了平庸，我对哈伯德写下这些话时的感受深有同感：

> 最近，我听到许多对那些“在血汗工厂里备受压迫的人”和那些“为求得一份正当工作四处奔波的无家可

归者”深表同情的声音，这些声音同时把那些掌权者骂得体无完肤。

但是，从没有人提及那些倾其一生努力都无法使那些懒散的饭桶做些有用的工作的雇主；没有人说，那些雇主是如何长期地、耐心地努力寻找“帮手”，但只要他们一转身，这些“帮手”就会无所事事、游手好闲。

…………

我是不是有点夸大其词了？或许是。但是，当整个世界都在热衷于访问贫民窟时，我希望能向那些成功者表示同情……

……我敬佩那些不论老板在不在场都能坚持做好自己工作的人；敬佩那些只是默默地接过信，不会提出任何愚蠢的问题，不会暗地里打主意一出门就把信扔到下水道里，去做送信以外的事的人。他们永远都不会被炒鱿鱼，也不必为了加薪而罢工。

文明就是热切地寻找这样的人的漫长过程。这些人所要的东西都能得到。每座城市、乡镇和村庄，每个办公室、商店、商场和工厂都需要他们。全世界都在呼唤：我们需要,而且急需这样的人——能“把信送给加西亚”的人。

永远都不要说别人对你的期望超出了你对自己的预期。如果有人挑剔你的工作做得不够完美，不要找借口。承认你没能做到最好吧，不要站出来竭力为自己辩解。当我们可以选择做优秀的人时，为什么要甘于平庸呢？我厌倦了听人们说对自己高要求有违他们的本性。他们也许会说："我的个性和你的不同。我没有你那么有闯劲，那不是我的本性。"

对于这些人，我的回答就是："改变"。真的，这只是个决心问题。下定决心去改变吧！

《圣经》对于"优秀"这个主题有着极深的研究。《马太福音》上说，有个人要去一个遥远的国家旅行，临走之前他把所有的仆人召集起来，将自己的财产委托给他们保管。经文说道，他给了第一个仆人五个塔兰特，给第二个仆人两个塔兰特，给第三个仆人一个塔兰特。他是根据每个人的能力做出分配的。分到五个塔兰特的人用这些钱去做生意，另外赚了五个塔兰特回来。同样地，分得两个塔兰特的人也赚回了两个塔兰特。但是，那个分得一个塔兰特的人，却跑去把主人给的钱埋了起来。

过了很久，这些仆人的主人回来与他们结账。分到五个塔兰特的人带来了另外五个塔兰特。他的主人说："好，你这又良善又忠心的仆人。你在一些事情上还是很忠心的，我要把许多事交给你管理。尽情享受你主人的快乐吧。”

分得两个塔兰特的仆人也带来了自己赚到的另外两个塔兰特。他的主人说：“好，你这又良善又忠心的仆人。你在一些事情上还是很忠心的，我要把许多事交给你管理。尽情享受你主人的快乐吧。”

接着，分到一个塔兰特的人也来了，他说：“主人，我知道你想成为一个强人，想收获没有播种的土地，收割没有撒种的庄稼。我很害怕，于是将你的钱埋在了地下。还给你，这是你的钱。”他的主人听了后对他说：“你这又恶又懒的仆人！你既然知道我想收获没有播种的土地，收割没有撒种的庄稼，就应当把我的钱存在银行家那里，到我来的时候，就可以连本带利一起收回。”因此，夺过他的塔兰特转送给那个有十个塔兰特的仆人。凡有的，还要加给他，叫他有余；凡没有的，连他所有的，也要夺去。

这个仆人本以为自己会得到主人的赞赏，因为他没有弄丢主人给他的那个塔兰特。他认为，没有弄丢或者输掉这个塔兰特，他就算完成了任务。然而，他的主人的看法却不同，他不希望自己的仆人只做那些自然而然发生的事情。他希望他们有所超越，希望他们能够做得比普普通通更好。他们中有两个人做到了，他们让主人给自己的东西的价值翻了一番——增加了百分之一百。而那个愚蠢的仆人的想法却是“得过且过”。

我一生中碰到过很多持这种态度的人：“只要把那些我不得不做的事情完成就可以了，我可不打算把每件事都做得尽善尽美。”

你怎样对待自己被赋予的一切？是不是你周围的人做多少，你就做多少？你的想法和那个愚蠢的仆人一样吗？

美国国家航空航天局空间研究开发所的沃纳·冯·布劳恩是“阿波罗四号计划”的总工程师，在谈到该计划中推动宇宙飞船的“土星五号”运载火箭时，他这样说道：“‘土星五号’有5,600,000个部件。即使我们有99%的把握，也可能会有56,000个部件存在缺陷。然而，‘阿波罗四号计划’在进行模拟飞行时只发生了两次异常现象，这就说明部件的可靠性是99.999%。如果一部由13,000个部件构成的普通汽车具有同样的可靠性，那么，它的第一块有缺陷的部件将会出现在一百年之后。”

为什么我们的汽车不能造得和“土星五号”运载火箭一样精密呢？因为美国国家航空航天局遵循的是比汽车工业更高的一系列标准。我们应该向美国国家航空航天局学习。上帝期望我们追求完美，为自己设立一个高于他人的标准。

我希望你能问问自己：“我能把信送给加西亚吗？如果有人告诉我他隐藏在古巴丛林中的某个地方，我能把信送给他吗？如果我不知道他长什么样，不知道去哪里找他，我能做到吗？”如果你渴望成功，那么，你就会找到成功的道路。如果你下定决心要成功，那么你就会成功！

我们现在都变成了寻找借口的专家——为我们做不到应该做到的事找借口。为什么我们就不能接过一份工作，出色地完成它呢？人们总是告诉我各种各样的借口，说明他们为什么不能完成应该完成的工作。

做一个罗文这样的人吧。去吧！下定决心，做出选择。有些事可能会拖累我。在前进的道路上，我可能会陷入泥沼。也许，有时候我会发现自己身处绝境，不得不再三坚持才能闯过去；有时会觉得被侮辱、被蹂躏，我不知道自己是否还能迈出下一步。但是，我不会停步，我不会放弃。放弃甚至不是一种选择。我一定会完成摆在我面前的任务。在我生活的每一个领域，我都要追求卓越。即使跌倒，我也会重新爬起来。我会拍拍身上的灰尘，继续勇往直前，直至获得成功！

上帝，赐予我们像罗文那样的人吧！

如果我受命去送信给加西亚，我知道我一定能送到。你可能会觉得我骄傲自大，但事实并非如此。这是自信。我知道，如果你交给我一封信，说“把它送给加西亚”，我一定能把它送到。我也想让你送一封信给加西亚。做到最好吧！如果一直以来别人都对你说“你不会取得成就”，不要去听信这些谎言。别人告诉你的那些消极的话根本就无关紧要。

下定决心吧！成功等于1%的灵感加上99%的汗水。只要你付出努力，你就能成功。你愿意下定决心出色地完成工作吗？你准备好了去把信送给加西亚吗？

在我办公室的墙上悬挂着一块匾额，上面的题词是：

卓越就在于比别人想得更多，冒更多的风险，有更多的梦想，有更高的期望。

选择过一种卓越的生活吧。追寻自己的目标。有自己的梦想，你会成功的。去把信送给加西亚吧！

附录二

它说明了一切

威廉·亚德利

对于州长来说，《致加西亚的信》能够给予他的团队非常重要的启示。

当选州长那天，杰布·布什在一本小硬皮书的扉页上签上自己的名字，把它送给了自己新上任的二把手。

薄薄的一本小册子，只有支票簿那么大——这本《致加西亚的信》现在就放在副州长弗兰克·布罗根办公室里的一张茶几上。布什在签名上面写下这样一句话："你是一位信使！"

事实证明，布罗根的确是布什政府里的众多信使之一。

有几个月的时间，州长新闻办公室的墙上钉着一张纸，每一个读过《致加西亚的信》这本小册子的人都要在上面签上自己的名字。到了当年春天，这页纸上已经签满了名字。

“我把它献给那些在政府建立之初与我们同行的人。”布什最近在回复一封电子邮件的时候说道，“我在寻找那些能把信送给加西亚的人，让他成为我们团队中的一员。那些坚毅、正直，不需要其他人过多监督的人才是可以改变世界的人！”

事实上，《致加西亚的信》只是一篇很短的文章，全文只有24个段落，被制成的小册子的装订和封面也很简单。

《致加西亚的信》最初发表于1899年，讲述了安德鲁·萨默斯·罗文中尉在1898年勇闯古巴山林的经过。美国即将与西班牙开战，威廉·麦金莱总统派遣罗文去寻找卡利斯托·加西亚将军，他是反对西班牙统治的古巴起义军领袖。

罗文没有问他如何、在哪儿能找到加西亚将军，而是接过信就出发了。他找到了加西亚将军，并返回华盛顿，向麦金莱总统汇报了古巴起义军和西班牙军队的兵力以及位置。在开战前夕，这些情报是至关重要的。

报纸对这次简直不可能完成的任务进行了大肆宣传。于是，罗文一下子出了名。

受到这个故事的启发，纽约州北部地区的一位印刷商写了一篇文章，这篇文章随即成为世界上出版最多的文献之一：它是一代雇主激励员工的材料；一个世纪后，又成了布什州长和他年轻的共和党职员们的某种信条。

这位印刷商兼随笔作家埃尔伯特·哈伯德写道：

> 我想强调的重点是：麦金莱总统将一封写给加西亚的信交给罗文，而罗文接过信，并没有问："他在哪里？"
>
> 太伟大了！这样的人应该为他铸造一座不朽的青铜雕像，并且把雕像立在全国各所大学里。年轻人需要的不仅仅是学习书本知识，也不仅仅是聆听这样那样的教诲，他们需要的是一种能让他们坚持向上的敬业精神，让他们能够忠于别人的信任，行动果决，集中精力、全心全意地去做一件事——把信送给加西亚。

他没有把这句话当战斗曲一样颂唱，但是，布什的新闻主任贾斯汀·赛菲说："新闻办公室的每个人都被要求阅读这篇文章。

这是我一直坚守的一条很好的指导原则——不要因工作中的障碍而停滞不前，要依靠自己，完成任务。所有的高级职员都读过这篇文章。”

那么，杰布·布什是怎么读到《致加西亚的信》的呢？

肯·赖特是奥兰多的一名律师，他曾经为布什和布什的前总统父亲的竞选效力。1998 年布什竞选州长的时候，他把这本小册子送给了布什。

赖特是这样解读这篇文章的：“我从不允许抱怨。我的道德准绳就是：你得到了一份工作，那就得好好干。”赖特清楚地记得自己给布什推荐这本小册子时两人的对话。

> 我把这本小册子拿给杰布，杰布说：“我真的对这些新世纪的东西不感兴趣。”
>
> 我说：“杰布，读一读这本小册子，只需要喝一杯咖啡的时间。这不是新世纪的东西，它和我们的山河一样悠久。”
>
> 当我再次碰到杰布的时候，他已经读过了这本小册子。他对这本小册子的反应正如我所预料的那样——它太惊人了，它说明了一切。

附录三

人物简介

埃尔伯特·哈伯德（Elbert Hubbard，1856—1915）

埃尔伯特·哈伯德是19世纪末20世纪初著名的哲学家、作家、编辑和演说家。1895年，他在纽约东奥罗拉创办了罗伊克罗夫特斯（Roycrofters）——一个由艺术家和工艺师组成的半公开团体，生产和销售各种手工艺制品。随后，他又创办了一家印刷和装订厂。他的小杂志《菲利士人》将他的观点传达给了许多人，而面向各类名人家庭的《短暂的旅行》也深受欢迎。他基于安德鲁·萨默斯·罗文的事迹创作的关于效率和决心的灵感之作——《致加西亚的信》（1899）被人们广泛阅读和引用。1915年5月7日，他和妻子在乘坐“卢西塔尼亚”号轮船去英格兰旅行的途中不幸遇难。

卡利斯托·加西亚（Calixto Garcia，1836—1898）

卡利斯托·加西亚是古巴革命家，古巴反对西班牙起义的领袖。由于起义活动他被捕入狱，直至1878年才出狱。获释后，他再次被捕。1895年，他来到美国。作为古巴起义军的领袖，他在美西战争中发挥了重要的作用。他于1898年在华盛顿去世，当时是委员会的成员之一，正和麦金莱总统讨论古巴战事。

安德鲁·萨默斯·罗文（Andrew S.Rowan，1857—1943）

罗文是一名美国军官，1881年毕业于西点军校。美西战争结束后，他在菲律宾服役，后被调派驻守美国，直至1909年退役。他于1943年逝世。

附录四

埃尔伯特·哈伯德的商业信条

我相信我自己。

我相信自己销售的商品。

我相信自己供职的公司。

我相信自己的同事和助手。

我相信美国的商业方式。

我相信生产者、创作者、制造者、销售者，以及全世界所有拥有一份工作并为之努力的产业工人。

我相信真理是一种财富。

我相信愉快的心情和健康的身体。我认识到，成功的第一要素不是赚钱，而是带来益处，那么报酬总会自动到来，这往往只是个过程问题。

我相信阳光、新鲜空气、菠菜、苹果酱、笑声、酪乳、孩子、斜纹布和雪纺绸，永远记得英语中最伟大的词——满足。

我相信我销售一件产品，就会交上一个朋友。

我相信，当我和一个人分别的时候，我一定能做到：当他再次见到我时会很高兴，而我看到他时也会感到很高兴。

我相信工作的双手、思考的大脑和充满爱的心灵。

阿门，阿门!

Part 1 Foreword for the Version in 1913

This literary trifle, *A Message to Garcia*, was written one evening after supper, in a single hour. It was on the 22nd of February 1899, Washington's Birthday: we were just going to press with the March *Philistine*.

The thing leaped hot from my heart, written after a trying day, when I had been endeavoring to train some rather delinquent villagers to abjure the comatose state and get radioactive.

The immediate suggestion, though, came from a little argument over the teacups, when my boy Bert suggested that Rowan was the real hero of the Cuban War. Rowan had gone alone and done the thing—carried the message to Garcia.

It came to me like a flash! Yes, the boy is right, the hero is the man who does his work—who carries the message to Garcia. I got up from the table, and wrote *A Message to Garcia.* I thought so little of it that we ran it in the Magazine without a heading. The edition went out, and soon orders began to come for extra copies of the March *Philistine*, a dozen, fifty, a hundred, and when the American News Company ordered a thousand, I asked one of my helpers which article it was that stirred up the cosmic dust. "It's the stuff about Garcia," he said.

The next day a telegram came from George H. Daniels, of the New York Central Railroad thus, "Give price on one hundred thousand Rowan article in pamphlet form—Empire State Express advertisement on back—also how soon can ship."

I replied giving price, and stated we could supply the pamphlets in two years. Our facilities were small and a hundred thousand booklets looked like an awful undertaking.

The result was that I gave Mr. Daniels permission to reprint the article in his own way. He issued it in booklet form in editions of half a million. Two or three of these half-million lots were sent out by Mr. Daniels, and in addition the article was reprinted in over two hundred magazines and newspapers. It has been translated into all written languages.

At the time Mr. Daniels was distributing *A Message to Garcia*, Prince Hilakoff, Director of Russian Railways, was in this country. He was the guest of the New York Central, and made a tour of the country under the personal direction of Mr. Daniels. The Prince saw the little book and was interested in it, more because Mr. Daniels was putting it out in big numbers, probably, than otherwise. In any event, when he got home he had the matter translated into Russian, and a copy of the booklet given to every railroad employee in Russia.

Other countries then took it up, and from Russia it passed into Germany, France, Spain, Turkey, Hindustan and China. During the war between Russia and Japan, every Russian soldier who went to the front was given a copy of *A Message to Garcia*. The Japanese, finding the booklets in the possessions of the Russian prisoners, concluded it must be a good thing, and accordingly translated it into Japanese. And on an order of the Mikado, a copy was given to every man in the employ of the Japanese Government, soldier or civilian.

Over forty million copies of *A Message to Garcia* have been printed. This is said to be a larger circulation than any other literary venture has ever attained during the lifetime of an author, in all history—thanks to a series of lucky accidents.

Elbert Hubbard

December 1, 1913

Part 2 A Message to Garcia

Elbert Hubbard penned his classic essay, *A Message to Garcia* in one hour after a dinnertime discussion with his family. At dinner, Hubbard's son, Bert, claimed that the true hero of a particular Spanish-American war battle was Rowan—a messenger who braved death by carrying a note behind the lines to Garcia, the leader of the insurgents.

The essay originally ran in Hubbard's magazine, *The Philistine*, in February, 1899. Inspired by its message, George Daniels of the New York Central Railroad asked permission to reprint and distribute 500,000 copies. Prince Hilakoff, Director of Russian Railways, read one of Daniels' reprints and had it translated into Russian. *A Message to Garcia* was distributed to every one of his railroad employees.

The Russian military then picked up the ball: each Russian soldier sent to the Japanese front was given a copy. The Japanese found the essay in the possessions of the Russian prisoners and subsequently had it translated into Japanese. On an order of the Mikado, a copy was given to each member of the Japanese government.

Ultimately, forty million copies of *A Message to Garcia* were published.

A Message to Garcia

—by Elbert Hubbard

In all this Cuban business there is one man stands out on the horizon of my memory like Mars at perihelion.

When war broke out between Spain and the United States, it was very necessary to communicate quickly with the leader of the Insurgents. Garcia was somewhere in the mountain vastness of Cuba—no one knew where. No mail nor telegraph message could reach him. The President must secure his cooperation, and quickly. What to do!

Some one said to the President, "There's a fellow by the name of Rowan who will find Garcia for you, if anybody can."

Rowan was sent for and given a letter to be delivered to Garcia. How "the fellow by the name of Rowan" took the letter, sealed it up in an oil-skin pouch, strapped it over his heart, in four days landed by night off the coast of Cuba from an open boat, disappeared into the jungle, and in three weeks came out on the other side of the Island, having traversed a hostile country on foot, and delivered his letter to Garcia—are things I have no special desire now to tell in detail. The point that I wish to make is this: McKinley gave Rowan a letter to be delivered to Garcia; Rowan took the letter and did not ask, "Where is he?"

By the Eternal! There is a man whose form should be cast in deathless bronze and the statue placed in every college of the land. It is not book-learning young men need, nor instruction about this and that, but a stiffening of the vertebrae which will cause them to be loyal to a trust, to act promptly, to concentrate their energies: do the thing "Carry a message to Garcia!"

General Garcia is dead now, but there are other Garcias. No man who has endeavored to carry out an enterprise where many hands were needed, but has been wellnigh appalled at times by the imbecility of the average man—the inability or unwillingness to concentrate on a thing and do it.

Slipshod assistance, foolish inattention, dowdy indifference, and half-hearted work seem the rule; and no man succeeds, unless by hook or crook or threat he forces or bribes other men to assist him; or mayhap, God in His goodness performs a miracle, and sends him an Angel of Light for an assistant.

You, reader, put this matter to a test: You are sitting now in your office—six clerks are within call. Summon any one and make this request: "Please look in the encyclopedia and make a brief memorandum for me concerning the life of Correggio." Will the clerk quietly say, "Yes, sir," and go do the task?

On your life, he will not. He will look at you out of a fishy eye and ask one or more of the following questions:

Who was he?

Which encyclopedia?

Where is the encyclopedia?

Was I hired for that?

What's the matter with Charlie doing it?

Is he dead?

Is there any hurry?

Shan't I bring you the book and let you look it up yourself?

What do you want to know for?

And I will lay you ten to one that after you have answered the questions, and explained how to find the information, and why you want it, the clerk will go off and get one of the other clerks to help him try to find Correggio—and then come back and tell you there is no such man. Of course I may lose my bet, but according to the Law of Average, I will not.

Now, if you are wise, you will not bother to explain to your "assistant" that Correggio is indexed under the C's, not in the K's, but you will smile very sweetly and say, "Never mind," and go look it up yourself. And this incapacity for independent action, this moral stupidity, this infirmity of the will, this unwillingness to cheerfully catch hold and lift—these are the things that put pure Socialism so far into the future. If men will not act for themselves, what will they do when the benefit of their effort is for all? Advertise for a stenographer, and nine out of ten who apply can neither spell nor punctuate and do not think it necessary to.

Can such a one write a letter to Garcia?

"You see that bookkeeper," said the foreman to me in a large factory.

"Yes, what about him?"

"Well, he's a fine accountant, but if I'd send him up town on an errand, he might accomplish the errand all right, and on the other hand, might stop at four saloons on the way, and when he got to Main Street would forget what he had been sent for." Can such a man be entrusted to carry a message to Garcia?

We have recently been hearing much maudlin sympathy expressed for the "downtrodden denizens of the sweatshop" and the "homeless wanderer searching for honest employment," and with it all often go many hard words for the men in power.

Nothing is said about the employer who grows old before his time in a vain attempt to get frowsy never-do-wells to do intelligent work; and his long, patient striving after "help" that does nothing but loaf when his back is turned.

In every store and factory there is a constant weeding-out process going on. The employer is constantly sending away "help" that have shown their incapacity to further the interests of the business, and others are being taken on. No matter how good times are, this sorting continues: only, if times are hard and work is scarce, the sorting is done finer—but out and forever out the incompetent and unworthy go. It is the survival of the fittest. Self-interest prompts every employer to keep the best—those who can carry a message to Garcia.

I know one man of really brilliant parts who has not the ability to manage a business of his own, and yet who is absolutely worthless to any one else, because he carries with him constantly the insane suspicion that his employer is oppressing, or intending to oppress, him. He cannot give orders; and he will not receive them. Should a message be given him to take to Garcia, his answer would probably be, "Take it yourself!"

Tonight this man walks the streets looking for work, the wind whistling through his threadbare coat. No one who knows him dare employ him, for he is a regular firebrand of discontent.

Of course I know that one so morally deformed is no less to be pitied than a physical cripple; but in our pitying, let us drop a tear, too, for the men who are striving to carry on a great enterprise, whose working hours are not limited by the whistle, and whose hair is fast turning white through the struggle to hold in line dowdy indifference, slipshod imbecility, and the heartless ingratitude which, but for their enterprise, would be both hungry and homeless.

Have I put the matter too strongly? Possibly I have; but when all the world has gone a-slumming I wish to speak a word of sympathy for the man who succeeds—the man who, against great odds, has directed the efforts of others, and having succeeded, finds there's nothing in it: nothing but bare board and clothes. I have carried a dinner pail and worked for day's wages, and I have also been an employer of labor, and I know there is something to be said on both sides.

There is no excellence, per se, in poverty; rags are no recommendation; and all employers are not rapacious and high-handed, any more than all poor men are virtuous. My heart goes out to the man who does his work when the "boss" is away, as well as when he is at home. And the man who, when given a letter for Garcia, quietly takes the missive, without asking any idiotic questions, and with no lurking intention of chucking it into the nearest sewer, or of doing aught else but deliver it, never gets "laid off" nor has to go on a strike for higher wages.

Civilization is one long anxious search for just such individuals. Anything such a man asks shall be granted. He is wanted in every city, town and village—in every office, shop, store and factory. The world cries out for such: he is needed and needed badly—the man who can "Carry a Message to Garcia."

1899

Part 3 How I Carried the Message to Garcia

—by Andrew Summers Rowan

(Rowan: The man whom Elbert Hubbard immortalized by his famous A Message to Garcia.*)*

"Let us both small and great push forward in this work, in this pursuit, if to our country, if to ourselves we would live dear."

—Horace

"Where," asked President McKinley of Colonel Arthur Wagner, head of the Bureau of Military Intelligence, "where can I find a man who will carry a message to Garcia?"

The reply was prompt. "There is a young officer here in Washington; a lieutenant named Rowan, who will carry it for you!"

"Send him!" was the President's order.

The United States faced a war with Spain. The President was anxious for information. He realized that success meant that the soldiers of the republic must co-operate with the insurgent forces of Cuba. He understood that it was essential to know how many Spanish troops there were on the island, their quality and condition, their morale, the character of their officers, especially those of the high command; the state of the roads in all seasons; the sanitary situation in both the Spanish and insurgent armies and the country in general; how well both sides were armed and what the Cuban forces would need in order to harass the enemy while American battalions were being mobilized; the topography of the country and many other important facts. Some wonder that the command, "Send him!" was equally as prompt as the answer to his question respecting the individual who would carry the message to Garcia.

It was perhaps an hour later, at noon, when Colonel Wagner came to me to ask me to meet him at the Army and Navy Club for lunch at one o'clock. As we were eating, the colonel—who had, by the way, a reputation for being an inveterate joker—asked me: "When does the next boat leave for Jamaica?" Thinking he was making an effort to perpetrate one of his pleasantries, and determined to thwart him, if possible, I excused myself for a minute or so and when I had returned informed him that the "Adirondack," of the Atlas Line, a British boat would sail from New York the next day at noon.

"Can you take that boat?" snapped the colonel.

Notwithstanding that I still believed the colonel was joking I replied in the affirmative.

"Then," said my superior, "get ready to take it!"

"Young man," he continued, "you have been selected by the President to communicate with—or rather, to carry a message to—General Garcia, who will be found somewhere in the eastern part of Cuba. Your problem will be to secure from him information of a military character, bring it down to date and arrange it on a working basis. Your message to him will be in the nature of a series of inquiries from the President. Written communication, further than is necessary to identify you, will be avoided. History has furnished us with the record of too many tragedies to warrant taking risks. Nathan

Hale of the Continental Army, and Lieutenant Richey in the War with Mexico were both caught with dispatches; both were put to death and in the case of the latter the plans for Scott's invasion of Vera Cruz was divulged to the enemy. There must be no failure on your part; there must be no errors made in this case." By this time I was fully alive to the fact that Colonel Wagner was not joking. "Means will be found," he continued, "to identify you in Jamaica, where there is a Cuban junta. The rest depends on you. You require no further instructions than those I will now give you," which he did, they being essentially as outlined in the opening paragraphs. "You will need the afternoon for preparation. Quarter-master-General Humphreys will see that you are put ashore at Kingston. After that, providing the United States declares war on Spain, further instructions will be based on cables received from you. Otherwise everything will be silence. You must plan and act for yourself. The task is yours and yours only. You must get a message to Garcia. Your train leaves at midnight. Good-by and good luck!" We shook hands.

As Colonel Wagner released mine he repeated: "Get that message to Garcia!" Hastily, as I set about to make my preparations, I considered my situation. My duty was, as I understood it, complicated by the fact that a state of war did not exist, nor would it exist at the time of my departure; possibly not until after my arrival in Jamaica. A false step might bring about a condition that a lifetime of statement would never explain. Should war be declared my mission would be simplified, although its dangers would not be lessened. In instances of this kind, where one's reputation, as well as his life, is at stake, it is usual to ask for written instructions. In military service the life of the man is at the disposal of his country, but his reputation is his own and it ought not be placed in the hands of anyone with power to destroy it, either by neglect or otherwise. But in this case it never occurred to me to ask for written instructions; my sole thought was that I was charged with a message to Garcia and to get from him certain information and that I was going to do it. Whether Colonel Wagner ever placed on file in the office of the adjutant-general the substance of our conversation I do not know. At this late day it matters little.

My train left Washington at 12: 01 a. m., and I have a recollection of thinking of an old superstition about starting on a journey on Friday. It was Saturday when the train departed, but it was Friday when I left the club. I assumed the Fates would decide that I had left on Friday. But I soon forgot that in my mental discussion of other matters and did not recall it until some time afterward and then it mattered nothing, for my mission had been completed.

The "Adirondack" left on time and the voyage was without special incident. I held myself aloof from the other passengers and learned only from a traveling companion, an electrical engineer, what was going on. He conveyed to me the cheerful information that because of my keeping away from them and giving no one any information as to my business, a bunch of convivial spirits had conferred on me the title of "the bunco steerer."

It was when the ship entered Cuban waters that I first realized danger. I had but one incriminating paper, a letter from the State Department to officials in Jamaica saying that I was what I might represent myself to be. But if war had been declared before the Adirondack entered Cuban waters she would have been liable to search by Spain, under the rules of international law. As I was contraband and the bearer of contraband I could have been seized as a prisoner of war and taken aboard any Spanish ship, while the British boat, after compliance with specified preliminaries, could have been sunk, despite the fact that she left a peaceful port under a neutral flag, bound for a neutral port, prior to a declaration of war.

Recalling this state of affairs, I hid this paper in the life preserver in my stateroom and it was with great relief I saw the cape astern. By nine the next morning I had landed and was a guest of Jamaica. I was soon in touch with Mr. Lay, head of the Cuban junta, and with him and his aids planning to get to Garcia as soon as possible. I had left Washington April 8—9. April 20 the cables announced that the United States had given Spain until the 23 to agree to surrender Cuba to the Cubans and to withdraw her armed forces from the island and her navy from its waters. I had in cypher cabled my arrival and on April 23 a reply in code came: "Join Garcia as soon as possible!"

In a few minutes after its receipt I was at headquarters of the junta, where I was expected. There were a number of exiled Cubans present whom I had not met before and we were conversing on general topics when a carriage drove up.

"It is time!" some one exclaimed in Spanish.

Following which, without further discussion, I was led to the vehicle and took a seat inside.

Then began one of the strangest rides ever taken by a soldier on duty or off. My driver proved to be the most taciturn of Jehus. He spoke not to me, nor heeded me when I spoke to him. The instant I was shut in he started through the maze of Kingston's streets at a furious pace. On and on he drove, never slackening speed, and soon we had passed the suburbs and were beyond all habitations. I knocked, yes, kicked, but he gave no heed.

He seemed to understand that I was carrying a message to Garcia and that it was his part to get me over the first "leg" of the journey as speedily as possible. So, after several futile efforts to make him listen to me, I decided to let matters take their course and settled back in my seat.

Four miles farther, through a dense growth of tropical trees, we flew along the broad and level Spanish Town road, until at the edge of the jungle we halted, the door of the cab was opened, a strange face appeared, and I was invited to transfer to another carriage that was waiting. But the strangeness of it all! The order in which everything appeared to be arranged! Not an unnecessary word was indulged in, not a second of time was wasted.

A minute later and again I was on my way. The second driver, like the first, was dumb. He declined all efforts made to get him in conversation, contenting himself by putting his horses to as swift a pace as possible, so on we went through Spanish Town and up the valley of the Cobre river to the backbone of the island where the road runs down to the ultramarine waters of the Caribbean at St. Ann's Bay.

Still not a word from my driver, although I repeatedly endeavored to get him to talk to me. Not a sound, not a sign that he understood me: just a race along a splendid road, breathing more freely as the altitude increased, until as the sun set we drew up beside a railway station. But what is this mass of ebony rolling down the slope of the cut toward me? Had the Spanish authorities anticipated me and placed Jamaica officers on my trail?

I was uneasy for a moment as this apparition came in sight, but relief came when an old negro hobbled to the carriage and shoved through the door a deliciously fried chicken and two bottles of Bass' ale, at the same time letting loose a volley of dialect, which, as I was able to catch a word here and there, I understood was highly complimentary to me for helping Cuba gain her freedom and giving me to understand that he was "doing his bit" with me.

But my driver stood not on ceremony, nor was he interested in either chicken or conversation. In a trice a new pair of horses was relayed on and away we went. My Jehu plying his whip vigorously. I had only time enough to thank the old Negro by shouting: "Good-by, Uncle!" In another minute we had left him and were racing through the darkness at break-neck speed. Although I fully comprehended the gravity and importance of the errand in which I was engaged, I lost sight of it for the time in my admiration of the tropical forests. These wear their beauty at night as well as by day. The difference is that while during the sunlight it is the vegetable world that is in perennial bloom, at night it is the insect world in its flight that excites attention. Hardly had the short twilight changed to utter darkness when the glow-worms turned on their phosphorescent lights and flooded the woods with their weird beauties. These magnificent fireflies illuminated with their incandescence the forest I was traversing until it resembled a veritable fairyland.

But even such wonders as these are forgotten in the recollection of duty to be performed. We still coursed onward at a speed that was limited only by the physical abilities of the horses, when suddenly a shrill whistle sounded from the jungle! My carriage stopped. Men appeared as if they had sprung from the ground. I was surrounded by a party of men armed to the teeth. I had no fear of being intercepted on British soil by Spanish soldiers, but these abrupt halts were getting on my nerves, because action by the Jamaica authorities would mean the failure of the mission, and if the Jamaica authorities had been notified that I was violating the neutrality of the island I would not be allowed to proceed. What if these men were English soldiers! But my feelings were soon relieved. A whispered parley and we were away again!

In about an hour we halted in front of a house outlined by feeble lights within. Supper waited. The junta manifestly believed in liberal feeding. The first thing offered me was a glass of Jamaica rum. I do not recall that I was tired, although we had traveled about seventy miles in approximately nine hours with two relays, but I do know that the rum was welcome. Following came introductions. From an adjoining room came a tall, wiry, determined-looking man, with a fierce moustache, one of his hands minus a thumb; a man to tie to in an emergency, to trust at any time. His eyes were honest, loyal eyes that mirrored a noble soul. He was a Peninsula Spaniard who had gone to Cuba, at Santiago had quarreled with the rule of Old Spain, hence the missing thumb and exile. He was Gervacio Sabio and he was charged with seeing that I was guided to General Garcia for the delivery of my message. The others were the men employed to get me out of Jamaica—seven miles remaining to be traveled—with one exception, one man was to be my "assistente," or orderly.

Following a rest of an hour, we proceeded. Half an hour's travel from the hut we were again halted by whistle signals. We alighted and entered a cane field through which we tramped in silence for about a mile until we came to a cocoanut grove bordering a plaything of a bay. Fifty yards off shore a small fishing boat rocked softly on the water.

Suddenly a light flashed aboard the little craft. It must have been a time signal, for our arrival had been noiseless. Gervacio, apparently satisfied with the alertness of the crew, answered it. Following some conversation during which I thanked the agents of the junta, I climbed on the back of one of the boat's crew who had waded ashore and was carried to the boat. I had completed the first part of the journey to Garcia.

Once aboard the boat I noted that it was partially filled with boulders intended for ballast. Oblong bundles indicated cargo, but not sufficient to impede progress. But with Gervacio as skipper, the crew of two men, my assinstente and myself, the boulders and the bundles, there was little room for comfort. I indicated to Gervacio my desire to get beyond the three-mile limit as soon as possible, as I did not want to impose upon the hospitality of Great Britain longer than necessary. He replied that the boat would have to be rowed beyond the headlands, as there was not sufficient wind in the small bay to fill her sails. We were soon outside the cape, however, our sails caught the breeze and the second stretch of the trip to the strife-torn objective was begun.

I have no hesitation in saying that there were some anxious moments for me following our departure. My reputation was at stake if I should be caught within the three-mile limit off the Jamaica coast. My life would be at stake if I should be caught within three miles of the Cuban coast. My only friends were the crew and the Caribbean Sea.

One hundred miles to the north lay the shores of Cuba, patroled by Spanish "lanchas," light-draft vessels armed with pivot guns of small caliber, and machine guns, their crews provided with Mauser rifles, far superior—as I afterward learned—to anything we had aboard, as motley a collection of small arms as could be picked up anywhere. In the event of an encounter with one of these "lanchas" there was little to hope for. But I must succeed; I must find Garcia and deliver my message!

Our plan of action was to keep outside the Cuban three-mile limit until after sunset, then to sail or row in rapidly, draw behind some friendly coral reef and wait until morning. If we were caught, as we carried no papers, we would probably be sunk and no questions asked. Boulder-laden craft go to the bottom quickly and floating bodies tell no tales to those who find them. It was now early morning, the air was deliciously cool and, wearied with my journey thus far I was about to seek some rest in sleep when suddenly Gervacio gave an exclamation that brought us all to our feet. A few miles away one of the dreaded lanchas was bearing directly toward us.

A sharp command in Spanish and the crew dropped the sail.

Another and all save Gervacio, who was at the helm, were below the gunwale, and he was lounging over the tiller, keeping the boat's nose parallel with the Jamaica shore. "He may think I am a 'lone fisherman' from Jamaica and go by us," said the cool-headed steersman.

So it proved. When within hailing distance the pert young commander of the lancha cried in Spanish: "Catching anything?"

To which my guide responded, also in Spanish: "No, the miserable fish are not biting this morning!"

If only that midshipman, or whatever his rank, had been wise enough to lay alongside, he surely would have "caught something," and this story would never have been written.

When he had passed us and was some distance away, Gervacio ordered sail hoisted again and turning to me, remarked: "If the Senor is tired and wants sleep, he can now indulge himself, for I think the danger is past."

If anything occurred during the next six hours, it left me undisturbed. In fact, I believed that nothing except the broiling heat of the tropical sun could have drawn me from my rocky mattress. But it did for the Cubans, who were quite proud of their English greeted me with : "Buenos dias, Meester Rowan!"

The sun shone brilliantly all day. Jamaica was all aglow, like some mighty jewel in a setting of emerald. The turquoise sky was cloudless and to the south the green slopes of the island were blocked off in large squares. But northward all was gloom. An immense bank of clouds enshrouded Cuba and, watch as keenly as we might, we saw no sign of their lifting. But the wind held true and even increased in volume during the hours. We were making good progress and Gervacio at the tiller was happy, joking with the crew and smoking like a "fumarole."

About four o'clock in the afternoon the clouds broke away and the Sierra Maestra, the master mountain range of the island, stood in the golden sunshine in all its beauteous majesty. It was like drawing the curtain aside and placing on view a matchless picture by an artist monarch. Here were color, mass, mountain, land and sea blended in one splendid ensemble, the like of which is found nowhere else, for there is no place on earth where a mountain height of 8000 feets, its summits clothed in verdure and its great battlements extending for hundreds of miles!

But my admiration was short lived. Gervacio broke the spell when he began taking in sail. To my question he replied : "We are closer than I thought. We are in the war zone of the lanchas, high seas or no high seas. We must stand well out and use the open water for all it is worth. To go closer and run the risk of being seen by the enemy is merely to run an unnecessary risk."

Hastily we overhauled the arsenal. I carried only a Smith & Wesson revolver, so I was assigned a frightful looking rifle. I might have been able to fire it once, but I doubt if it would have been of further service. The crew and my assistant were provided with the same formidable weapons, while the pilot, who from his seat looked after the jib. The real serious part of my mission was now at hand. Hitherto everything had been easy and comparatively safe. Now danger menaced. Grave danger. Capture meant death and my failure to carry my message to Garcia.

We were probably twenty-five miles from the coast, although

it seemed but a span away. It was not until nearly midnight that the jib sheet was let go and the crew began sounding the shallow water with their oars. Then a timely roller gave us a last lift and with a mighty effort shoved us into the waters of a hidden peaceful bay. We anchored in the darkness fifty yards off shore. I suggested that we land at once, but Gervacio replied: "We have enemies both ashore and afloat, Senor; it is better that we stay where we are. Should any lancha endeavor to pry us out she would likely land on the submerged coral reef we have crossed and we can get ashore, and from the obscurity of the grape entanglements we can play the game."

The tropical haze which ever hangs mistlike at the meeting of the sea and sky in low altitudes began to lift slowly, disclosing a mass of grape, mangrove thickets and thorn-set trees, reaching almost to the edge of the water. It was difficult to perceive objects with distinctness, but as if declining to puzzle us further as to the nature of our surroundings, the sun rose gloriously over Pico Turquino, the highest point in all Cuba. In an instant everything had changed, the mist had vanished, the darkness of the lowlying thicket against the mountain wall had been dissipated, the gray of the water breaking against the shore had been transformed as if by magic to a marvelous green. It was one splendid triumph of light over darkness.

Already the crew were busy transferring luggage ashore. Noting me standing mute and seemingly dazed, for I was thinking of the lines by a poet who must have had a similar scene in mind when he wrote: "Night's candles are burnt out and jocund day stands tip-toe on the misty mountain tops," Gervacio said in a low tone to me: "Pico Turquino, Senor."

But my reveries were soon ended. The freight was landed, I was carried ashore, the boat dragged to a small estuary, overturned and hidden in the jungle. By this time a number of ragged Cubans had assembled at our landing place. Where they came from, or how they knew that our party was a friendly one, were problems too deep for me. Signals of some sort had doubtless been exchanged and they had come to act as burden-bearers. Some of them had seen service, some of them bore the marks made by Mauser bullets.

Our landing place seemed to be a junction of paths running in all directions away from the coast and into the thicket. Off to the west, seemingly about a mile away, little columns of smoke were rising through the vegetation. I learned that this smoke was from a "salina," or pan where salt was being made for the refugee Cubans who had hidden in these mountains after fleeing from the dreaded concentration camps.

The second "leg" of the journey was completed.

Hitherto there had been danger; from this time on there would be more. Spanish troops mercilessly hunted down Cubans and small mercy was shown by the forces directed by Weyler, the "butcher," to men found in arms, or outside the concentration camps, even though they might be unarmed. The remainder of the journey to Garcia was fraught with many dangers and I knew it, but this was no time to consider them; I must be on my way!

The topography of the country was simple enough; a level strip of land extending a mile or so inland toward the north, covered with jungle. Man's handiwork had been confined to cutting paths, and the network could be threaded only by the Cubans reared in this labyrinth. The heat soon became oppressive and caused me to envy my companions, none of whom were burdened by superfluous clothing.

Soon we were on the march, screened from the sea and the mountains, and indeed, from each other, by the denseness of the foliage, the twists and turns of the trail and the torrid haze that soon settled over everything. The jungle was converted into a miniature inferno by the sun, although we could not see it through the verdure. But as we left the coast and approached the foothills the jungle began to give way to a larger and less dense growth.

We soon reached a clearing where we found a few bearing cocoanut trees. The water fresh and cool, drawn from the nuts, was elixir to our parched throats. But not long did we tarry in this pleasant spot. A march of miles lay before us and a climb up steep mountain slopes to another hidden clearing must be made before nightfall. Soon we had entered the true tropical forest. Here traveling was somewhat easier, for a current of air, hardly perceptible, but a current of air nevertheless, made breathing less of a task and, by far, more refreshing.

Through this forest runs the "Royal Road" from Portillo to Santiago de Cuba. As we neared this highway I noted my companions one by one disappearing in the jungle. I was soon left alone with

Gervacio. Turning to him to ask a question I saw him place a finger on his lips, mutely sign to me to have my rifle and revolver in readiness and then he too vanished amid the tropical growth.

I was not long in ascertaining the reason for this strange conduct. The jingle of horses' trappings, the rattling of the short sabers carried by Spanish cavalry and occasionally a word of command, fell on my ear. But for the vigilance of those with me we should have walked out on the highway just in time to encounter a hostile force! I cocked my rifle and swung my Smith & Wesson into position for quick action and waited tensely for what was to follow. Every moment I expected to hear reports of firearms. But none came and one by one the men returned, Gervacio being among the last.

"We scattered in order to deceive them in the event we had been discovered. We covered a considerable stretch of the road and had firing been commenced the enemy would have believed it an attack in force from ambush. It would have been a successful one too," Gervacio added with an expression of regret, "but duty first and—" here he smiled, "—pleasure afterward!"

Beside the trails along which insurgent parties usually passed, it was the custom to build fires and bury sweet potatoes in the ashes. There they roasted until a hungry party should pass. We came upon one of these fires during the afternoon. A baked sweet potato was passed out to each of the party, the fire covered again and the march resumed.

As we ate our sweet potatoes I thought of Marion and his men in the days of the revolution, who fought their battles on a like diet, and through my mind flashed the idea that as Marion and his men had fought to victory, so also would these Cubans, who were inspired by a desire for liberty similar to that actuating the patriot fathers of my own country, and it was with a feeling of pride that I recalled that my mission was to aid these people in their efforts by communicating with their general and making it possible for the soldiers of my nation to do battle in their behalf.

Arriving at the end of the journey for the day, I observed a number of men in a dress strange to me.

"Who are these?" I inquired.

"They are deserters from the army of Spain, Senor," replied Gervacio. "They have fled from Manzanillo and they say that lack of food and harsh treatment by their officers were the reasons for their leaving."

Now a deserter is sometimes of value, but here in this wilderness I would have preferred their room to their company. Who could say that one or more of them might not leave camp at any time and warn the Spanish officials that an American was crossing Cuba, evidently bound for the camp of General Garcia? Would not the enemy make every effort to thwart him in his mission? So I said to Gervacio: "Question these men closely and see that they do not leave camp during our stay!"

"Si, Senor!" was the reply.

Well for me and the success of my errand that I had given out such instruction. My thought that one or more deserters might leave to apprise the Spanish commander of my presence proved to be the correct one. Although it is not fair to presume that any knew my mission, my being there was sufficient to arouse the suspicions of two who proved to be spies and also nearly resulted in my assassination. These two determined to leave camp that night and plunge through the thickets to the Spanish lines with the information that an "officer Americano" was being escorted across Cuba.

I was awakened some time after midnight by the challenge of a sentinel, followed by a shot, and almost instantly a shadowy form appeared close by my hammock. I sprang up and out on the opposite side just as another form appeared and in less time than it takes to write it the first one had fallen as the result of a blow from a machete, which cut through the bones of his right shoulder to the lung. The wretch lived long enough to tell us that it was agreed if his comrade failed to get out of camp, he should kill me and prevent the carrying out of whatever project I was engaged in. The sentinel shot and killed his comrade.

Horses and saddles were not available until late next day, at an hour that made it impossible to proceed. I chafed at the delay, but it could not be helped.

Saddles were harder to secure than horses. I was somewhat

impatient and asked Gervacio why we could not proceed without saddles.

"General Garcia is besieging Bayamo, in Central Cuba, Senor," was his reply, "and we shall have to travel a considerable distance in order to reach him."

This was the reason for the search for "monturas," the saddles and trappings. One looked at the steed assigned me and my admiration for the wisdom of my guide mounted rapidly and increased noticeably during the four days' ride. Had I ridden that skeleton without a saddle it would have meant exquisite torture. However, I will say for the horse, that with his "montura" he proved a mettlesome beast, far superior to many a well-fed horse of the plains of America.

Our trail followed the backbone of the ridge for some distance after leaving camp. One unaccustomed to these trails must surely have been driven desperate by the perplexity of the wilderness, but our guides seemed to be as familiar with the tortuous windings as they would have been on a broad high road.

Shortly after we had left the divide and had begun the descent of the eastern slope we were greeted by a motley assembly of children and an old man whose white hair streamed down his shoulders. The column halted, a few words passed between the patriarch and Gervacio, and then the forest rang with "Viva," for the United States, for Cuba and the "Delegado Americano." It was a touching incident. How they had learned of my approach I never knew; but news travels fast in the jungle and my arrival had made one old man and a crowd of little children happier.

At Yara, where the river leaves the foothills we camped that night, it was brought to me that we were in a zone where danger lurked. "Trincheras" or trenches had been built to defend the gorge should the Spanish columns march out from Manzanillo. Yara is a great name in Cuban history, for from the town of Yara came the first cry for "liberty" in the "Ten Years' War" of 1868—1878. I was asked to swing my hammock behind the trinchera, which, by the way, was not a trench at all, but a breast-high wall of stones, and I noticed that a guard, recruited from some unknown source, was posted and kept on duty all night. Gervacio intended taking no chances on my mission being a failure.

Next morning we began the ascent of the spur projecting northward from the Sierra Maestra, forming the east bank of the river. Our course lay across the eroded ridges. Danger lurked in the lowlands. There was the possibility of ambuscade, fire and the chance of being cut off by some mobile party of Spaniards.

Here began a series of ups and downs across the streams with vertical banks. In my career I have seen much cruelty to animals, but never anything to equal this. To get the poor horses down to the bottom of these gulches and out again involved forms of punishment beyond belief. But there was no help for it; the message to Garcia must be delivered, and in war what are the sufferings of a few horses when the freedom of hundreds of thousands of human beings is at stake? I felt sorry for the brutes, but this was no time for sentiment. It was with great relief that after the hardest day of riding I had ever experienced we halted at a hut in the midst of corn patches near the edges of the forest, at Jibaro. A freshly killed beef was hanging to the rafters, while the cook in the open was busy preparing a meal for the "Delegado Americano."

My coming had been heralded and my feast was to consist of

fresh beef and cassava bread.

Hardly had I finished my generous meal when a great commotion was heard, voices and the clatter of horses' hoofs at the edge of the forest. Colonel Castillo of the staff of General Rios had arrived. He welcomed me in the name of his chief, who was due to arrive in the morning, with all the grace of a trained staff officer; then mounting his steed with an athletic spring, put the spurs to his mount in frenzied fashion and was off, as he came, like a flash.

His welcome assured me that I was making headway under a skilful guide.

General Rios came next morning and with him Colonel Castillo, who presented me with a Panama hat "made in Cuba."

General Rios was "the general of the coasts." He was very dark, evidently of Indian and Spanish blood, with springy, athletic step. No Spanish column ever made a sortie in his district and found him unprepared. His sources of information and his intuition were uncanny. It was no small task to move hiding families and provide for their maintenance, but he did it and, as may be supposed, advance information of enemy movements was imperative. The Spanish methods were to enter the forests, scour them and, in default of prey, lay the districts in waste. Meanwhile General Rios would conduct matters in guerilla fashion and his forces were continuously taking potshots at the Spanish columns, sometimes doing terrible execution.

General Rios added two hundred cavalrymen to my escort. As we marched single file we would have presented a formidable appearance had there been anyone to see us. I could not help observing that we were being led with remarkable skill and speed. We had entered the forest again and were hiding in the evergreen dress of the Sierra Maestra. The trail was comparatively level, but crossed at intervals by water courses with steep banks. The paths were so narrow we were constantly running afoul of tree trunks, barking our shins and dislodging the impedimenta from the backs of our horses. Still the guide held to a steady gait that caused me to marvel. My usual position was near the center of the column, but I wanted to be near this centaur who was in the lead and at the next water course crossing I rode forward to observe him. He was a coal black Negro, Dionisito Lopez, a lieutenant in the Cuban army. He could trace a course through this trackless forest, through the tangled growth, as fast as he could ride. His skill with a machete was amazing. He carved a way for us through the jungle. Networks of vines fell before his steady strokes right and left; closed spaces became openings; the man appeared tireless.

The night of April 30 brought us to the Rio Buey, an affluent of the Bayamo River, and about twenty miles from the city of Bayamo. Our hammocks had scarcely been swung when Gervacio appeared, his face aglow with satisfaction. "He is there, Senor! General Garcia is in Bayamo and the Spaniards are in retreat down the Cauto river. Their rearguard is at Cauto-E1-Embarcadero!"

So eager was I to get in communication with Garcia that I proposed a night ride, but after a conference it was decided that nothing would be gained.

May-day, 1898, is "Dewey Day" in our calendar. As I was sleeping in the forests of Cuba, the great admiral was feeling his way past the guns of Corregidor into Manila Bay to destroy the Spanish fleet. While I was on my way to Garcia that day he had sunk the Spanish ships and with his guns was menacing the capital of the

Philippines.

Early that morning we were on our way. Terrace by terrace we descended the slope leading to the plain of Bayamo. This great stretch of country, laid waste for years, was now as if man had never been. At the black remnant of the hacienda of Candelaria, mute evidence of Spanish methods of warfare, we passed into the plain. We had ridden more than one hundred miles through a wilderness with hardly a habitation to show that man had ever lived in one of Nature's most favored spots across a tropical garden gone to weeds. Through grass so high that our column was hidden from sight, through burning sun and blistering heat, we traveled, but all our discomforts were forgotten in the thought that our destination was at hand; our mission nearly ended. Even our jaded horses seemed to share in our anticipation and eagerness.

We struck the royal road to Manzanillo-Bayamo and encountered joyous human beings in rags and tatters, all hurrying toward the town. The chatter of these happy groups reminded me of the parrots that had shrieked at our passage through the jungles. They were going back to the homes from which they had been driven.

It was but a short ride from Paralejo to the banks of the eastern side of the river to the town, once a city of 30, 000, now a mere village of perhaps 2000. It was surrounded by a row of blockhouses the Spaniards had built on both sides of the stream. These little forts were the first objects to be seen and their prominence was emphasized by the flames and smoke still rising as we came into view. The Cubans had set them on fire when they entered the former metropolis of this once flourishing valley.

We soon lined up on the bank, and after Gervacio and Lopez had talked to the guards, we proceeded. We halted in mid-stream to allow our horses to drink and to store up a little energy for our final dash into the presence of the officer in charge of Cuba's military destiny east of the Jucaro-Moron trocha. I quote from the newspapers of the day: "The Cuban generals say the arrival of Lieutenant Rowan aroused the greatest enthusiasm throughout the Cuban army."

In a few minutes I was in the presence of General Garcia.

The long and toilsome journey with its many risks, its chances of failure, its chances for death, was over.

I had succeeded.

As we arrived in front of General Garcia's headquarters the Cuban flag was hanging lazily over the door from an inclined staff. The method of reaching the presence of a man to whom one is accredited in such circumstances was new to me.

We formed in line, dismounted together, and "stood to horse." Gervacio was known to the general, so he advanced to the door and was admitted. He returned in a short time with General Garcia, who greeted me cordially and asked me to enter with my assistente. The general introduced me to his staff—all in clean white uniforms and wearing side arms—and explained that the delay was caused by the necessary scrutiny of my credentials from the Cuban junta at Jamaica, which Gervacio had delivered to him.

There is humor in everything. I had been described in letters from the junta as "a man of confidence." The translator had made me "a confidence man." Following breakfast we proceeded to business. I explained to General Garcia that my errand was purely military in its character, although I had left the United States with diplomatic credentials; that the President and the War Department desired the latest information respecting the military situation in Eastern Cuba. (Two other officers had been sent to Central and Western Cuba, but they were unable to reach their objectives.) Among matters it was imperative for the United States to know were the positions occupied by the Spanish troops, the condition and number of the Spanish forces, the character of their officers; especially of their commanding officers; the morale of the Spanish troops; the topography of the country, both local and general; communications, especially the conditions of the roads; in short, any information which would enable the American general staff to lay out a campaign. Last, but by no means least, General Garcia's suggestions as to a plan of campaign, joint or separate, between the Cuban armies and the forces of the United States. Also I informed him, my government would be glad to receive the same information respecting the Cuban forces, or as much as the general saw fit to give. If not incompatible with his plans, I would like to accompany the Cuban forces in the field in such capacity as he might see fit to assign me.

General Garcia meditated for a moment and then withdrew with all the members of his staff excepting Colonel Garcia, his son, who remained with me. About three o'clock the general returned and said he had decided to send three officers to the United States with me. These officers were men who had passed their lives in Cuba; were trained and tried; all knew the country, and in their particular capacities could answer all questions likely to be propounded. Were I to remain months in Cuba I might not be able to make so complete a report, and as time was the important element, the quicker the United States government got the information the better it would be for all concerned.

He went on to explain that his men needed arms, especially artillery, important in assaulting block-houses. In ammunition he was very short, and the many rifles of varied calibre used made it difficult to get an ample supply. He thought it might be better to rearm his men with American rifles in order to simplify that question.

General Collazo, a noted figure; Colonel Hernandez and Doctor Vieta, a valued relative who was familiar with the diseases of the island and the tropics generally, and two sailors, both familiar with the north coast, would go with us; they might be useful on the return expedition in case the United States should decide to furnish the supplies he wanted.

Could I proceed that day—hoy mismo? Could I ask more? Could I ask more? I had been continuously on the move for nine days in all kinds and conditions of terrain. I would have liked to have had a chance to look around me in these strange surroundings, but my answer was as prompt as his question. I simply replied, “Yes, sir!” Why not? General Garcia by his quick conception and speedy acceptance of conditions had saved me months of useless toil and had given my country the means of obtaining as minute information of the existing situation in the island as that possessed by the Cubans themselves; certainly as good as the enemy had.

For the next two hours I was the recipient of an informal reception. Then a final meal was served at five o’clock, and at its conclusion I was told that my escort was at the door. When I reached the street I was surprised not to see my former guide and companion in the column. I asked for Gervacio, and he and the others of the contingent from Jamaica came out. Gervacio wanted to go with me, but Garcia was adamant; all were needed for service on the south coast and I was to return by the north. I expressed to the general my appreciation for the services of Gervacio and his crew, and the column drafted from the fastnesses of Sierra Maestra. After a real Latin embrace I broke away and mounted. Three cheers rang out as we galloped northward.

I had delivered my message to Garcia!

My journey to General Garcia had been fraught with many dangers, but it was, compared with my trip back to the United States, by far the more important. But war had been declared and the Spanish were alert. Their soldiers patrolled every mile of shore, their boats every bay and inlet, the great guns of their forts stood ready to speak in no uncertain tones to anyone violating the rules of warfare. To all intents and purposes I was a spy within the enemy lines! Discovery meant death with one's face to the wall.

Nor had I thought of reckoning with the angry elements of sea and air, which soon were to convince me that success is not always a matter of fair sailing. But the effort must be made and it must be successful, otherwise my mission had been fruitless. On the happy termination of it might depend, in a large measure, the carrying to victory of the war.

My companions shared with me the apprehensions that naturally arose, so it was with great caution that we proceeded across Cuba, northward, going around the Spanish position at Cauto-El-Embarcadero, head of navigation on that river, at least for gunboats, until we came to the bottle-shaped harbor of Manati, where, on the side opposite, a great fort, bristling with guns, guarded the entrance. If only the Spanish soldiery had known of our presence! But perhaps the very audacity of our undertaking was our salvation. Who would have suspected that an enemy on a mission such as was ours, would select such a place from which to embark?

The boat in which we made the voyage was a cockle-shell, "capacity 104 cubic feet." For sails we had gunnysacks, pieced together. For rations boiled beef and water. In this craft we were to sail, and we did sail, 150 miles due north to New Providence, Nassau Island. Think of putting to sea on hostile waters, patrolled by swift, well-armed lanchas, in a vessel like that! But "needs be when the devil drives!" It was our only method of fulfilling the full measure of duty.

It was at once apparent that this boat would not hold the six of us, so Dr. Vieta was sent back to Bayamo with the escort and the horses, while five of us prepared to run the gauntlet of Spanish guns and outwit Spanish gun-boats with a craft not much larger than a skiff and with sails of gunny-sacks!

There was a storm raging at the time we had fixed upon for our departure and we could not venture on the water while the waves were rolling so fiercely. Yet even in waiting there was danger! It was the time of the full moon and should the clouds dissipate with the passing of the gale our presence might be detected. But the fates were with us!

At 11 o'clock we embarked. With only five aboard the boat was well down in the water. The ragged clouds rushed like mad things across the face of the moon, alternately hiding and disclosing us, while four tugged at the oars and a fifth steered a course. We could not see the fort as we passed, and that perhaps was the reason we were not seen, but it required no great stretch of imagination to picture the frowning muzzles of the great guns and we toiled on, expecting at any moment to hear the boom of a cannon and the scream of a shot. Our little craft reeled and tossed like an egg-shell and many times we were on the point of capsizing, but our sailors knew the course, our gunny-sack sails stood the test and soon we were making headway "across the trackless green."

Weary with the unwonted toil and with nothing to break the monotony of riding first one wave crest and then another, I fell asleep sitting bold upright. But not for long. An immense wave hit us, nearly filling our boat with water and almost capsizing us. From that time on there was no sleep for anyone. It was bail, bail, bail the long night through. Drenched with brine, weary and worn, we were glad enough to get a glimpse of the sun as it peered through the haze on the horizon.

"Un vapor, Senores!" (a steamer) cried the steersman.

A feeling of alarm agitated every heart. Suppose it should be a Spanish warship? That would mean short shrift for all of us.

"Dos vapores, tres vapores. Caramba! Doce vapores!" cried the steersman, my companions echoing his cries. Could it be the Spanish fleet?

But no, it was the battleships of Admiral Sampson, steaming eastward to attack San Juan del Puerto Rico!

We breathed easier!

All that day we broiled and bailed, bailed and broiled. Yet no one slept or relaxed his anxious outlook. Despite the presence of the United States warships a gunboat might have escaped their vigilance and if so might overtake and capture us. Night fell on five of the most tired men that ever lived. We were almost worn out with fatigue, but for us there could be no rest. With the darkness came the wind again and with the wind the mighty waves and again it was bail, bail, bail, to keep the little vessel afloat. It was with feelings of intense relief that on the next morning, May 7, at about 10 o'clock, we sighted the Curly Keys at the southern end of Andros Islands of the Bahama group and right gladly did we land there for a brief rest.

That afternoon we overhauled a sponging schooner, with a crew of thirteen negroes, who spoke some outlandish gibberish we did not understand, but sign language is universal, and soon we had made arrangements for a transfer. This schooner carried a litter of pigs for food and an accordeon. I never want to hear an accordeon again. Tired almost to the point of utter exhaustion, I vainly sought sleep but the shrill notes of that instrument prevented it.

Next afternoon we were captured by quarantine officials as we turned the east end of New Providence Island, and were incarcerated at Hog Island, the fiction of yellow fever in Cuba having given them the excuse.

But next day I got word to the American consul general, Mr. McLean, and on May 10 he arranged our release. May 11 the schooner Fearless drew near the wharf and we went aboard.

We had got in behind Florida Keys when luck deserted us. The wind went down and all day May 12 we lay becalmed, but at night a breeze came up and on the morning of May 13 we were in Key West.

That night we took a train for Tampa and there boarded a train for Washington. We arrived on schedule time and I reported to Russel A. Alger, secretary of war, who heard my story and told me to report to General Miles, taking General Garcia's aids with me. After he had received my report General Miles wrote the secretary of war:

"I also recommend that First Lieutenant Andrew S. Rowan, 19th U. S. Infantry, be made a lieutenant-colonel of one of the regiments of immunes. Lieutenant Rowan made a journey across Cuba, was with the insurgent army with Lieutenant-General Garcia, and brought most important and valuable information to the government. This was a most perilous undertaking, and in my judgment Lieutenant Rowan performed an act of heroism and cool daring that has rarely been excelled in the annals of warfare."

I attended a meeting of the cabinet a day or so after my return, in company with General Miles, and at the close I received President McKinley's congratulations and thanks for the manner in which I had communicated his wishes to General Garcia and for the value of the work.

"You have performed a very brave deed!" were his last words to me, and this was the first time it had occurred to me that I had done more than my simple duty, the duty of a soldier who "is not to reason why," but to obey his orders.

I had carried my message to Garcia.

Appendix 1 What's God Doing for You?

—by Mark Gorman

Over 100 years ago, a brief article was written to fill an empty space in a magazine which was otherwise ready for publication. This seemingly insignificant work, about a soldier in the U. S. Army, has since become one of the most published documents in the history of printed word. *A Message to Garcia* has been translated into every major language on earth, with over 100 million copies in print. What was the significance of this article, which caused such a stir around the world?

In 1899, a man by the name of Elbert Hubbard wrote an editorial for a small magazine called *The Philistine*. Over tea, Hubbard was discussing the Spanish-American War with his family. Everyone had been cheering General Calixto Garcia, the leader of the Cuban rebel forces, as the key to winning the war in Cuba, when Hubbard's son,

Bert, put forth this argument.

"In my mind," ventured Bert, "the real hero of the war was not General Garcia, but Lieutenant Rowan, the man who got the message to Garcia." His son's words leaped in Hubbard's heart.

Hubbard wrote the article, *A Message to Garcia* and the edition went to print. He thought little more about it until the magazine began getting requests for reprints of that particular edition. More and more requests for reprints came in until the magazine was literally swamped. Puzzled by the overwhelming number of orders, Hubbard asked why people were interested in that particular copy of the magazine. He was surprised to learn that the demand was for the "filler" article he had written about Rowan. Orders came in for 100,000 copies, 500,000 copies, 1,000,000 copies. Eventually, Hubbard was forced to simply grant permission to those who wanted large numbers of reprints, because of his limited ability to publish in those quantities. Why are so many people interested in an article about some unknown lieutenant by the name of Andrew Summers Rowan? The reason is: everyone is looking for individuals such as Rowan.

In 1895, the little island nation of Cuba was struggling to be free from Spanish rule. The Spanish soldiers who occupied the island oppressed and brutalized the people. They desperately wanted to be free. The United States had a strong interest in Cuba, not only because of its geographical proximity to the United States, but also because of our financial investments there. By 1897, the situation in Cuba had deteriorated to the point that there was rioting in the streets of Havana between nationalists and Spanish soldiers. President McKinley dispatched the battleship Maine as a visible indicator of the United States' presence in Cuba. The American battleship, sitting in Havana harbor, sent a clear signal to the Spanish government of our country's resolve to protect our interests in Cuba. Although a formidable presence, the Maine did not engage in any hostile act against Spain.

On February 15, 1898, however, an explosion rocked the Havana harbor sinking the U. S. battleship. The American people were greatly alarmed over this open act of aggression less than 100 miles off our country's coast. McKinley sent an ultimatum to Spain to get out of Cuba. By April, the United States was at war with Spain. Ultimately, the Spanish-American War proved to liberate, not only the nation of Cuba, but the Philippine Islands, as well.

Just before declaring war, President McKinley was meeting with Colonel Arthur Wagner, head of the Bureau of Military Intelligence for the United States. "Where," asked President McKinley, "can I find a man who will carry a message to Garcia?" Co-operation between the rebel forces in Cuba and the United States was essential to the success of the campaign. It was vital to quickly communicate with the leader of the rebels, General Calixto Garcia, a Cuban-born Creole. General Garcia was somewhere in the mountains of Cuba leading the rebel troops in their fight for independence. He was a hunted man by the Spanish army. No one knew his exact whereabouts.

Colonel Wagner did not hesitate in his answer to the President. "I have a man—a young officer, Lieutenant Andrew Summers Rowan. If anybody can get a message to Garcia, Rowan can."

An hour later, Col. Wagner stood before Lieutenant Rowan. "Young man," said the superior officer, "you must carry a message to General Garcia, who will be found somewhere in the eastern part of Cuba... You must plan and act for yourself. The task is yours and yours only." Col. Wagner then shook Rowan's hand and repeated, "Get that message to Garcia." Without asking one question, Rowan left to find Garcia.

Rowan delivered the message to Garcia and the response got back to McKinley without Rowan ever asking, "Where is he? What does he look like? Who are his contacts? How do I get there?" He simply took the orders and did what he was asked to do.

Is there a Rowan among us? Is there somebody who can get a message to Garcia without having to do an interrogation of his senior officer first? Is there someone who can get the job done without needing to have his employer hold his hand until the task is completed? If not, the boss might as well do it himself.

Is there somebody that I can just ask to accomplish a task, and the next time I see them I am told, "I'm finished with that. What do you want me to do next?" Where can I find someone like that? Where is he? Can I find a Rowan? Is there someone who can get a message to Garcia?

They are out there. There's just not enough of them. There are probably some Rowans reading this right now. There will always be a few of those individuals who are extraordinary. Extraordinary means above ordinary. Those who don't just do what is expected of them; they surpass the expectations of others, in their pursuit of excellence. Here is an excerpt from Elbert Hubbard's article written over 100 years ago. It sounds as if it could have been written today:

The point I wish to make is this: McKinley gave Rowan a letter to be delivered to Garcia. Rowan took the letter and did not ask, "Where is he?"

By the eternal, there is a man whose form should be cast in deathless bronze and the statue placed in every college of the land. It is not book-learning young men need, nor instruction about this and that, but a stiffening of the vertebrae which will cause them to be loyal to a trust, to act promptly, concentrate their energies: do the thing—"Carry a message to Garcia!"

...

You reader, put this matter to a test. You are sitting now in your office. Six clerks are within call. Summon any one and make this request: "Please look in the encyclopedia and make a brief memorandum for me concerning the life of Correggio." Will the clerk quietly say, "Yes, sir," and go do the task? On your life, he will not. He will look at you out of a fishy eye and ask one or more of the following questions:

Who was he?

Which encyclopedia?

Where is the encyclopedia?

Was I hired for that?

What's the matter with Charlie doing it?

Is he dead?

Is there any hurry?

Shan't I bring the book and let you look it up yourself?

What do you want to know for?

...

Now if you are wise you will not bother to explain to your assistant that Correggio is indexed under the C's not under the K's, but you will smile sweetly and say, "Never mind," and go look it up yourself.

People haven't changed in the last 100 years, have they? Every time I give someone a task and they start asking me a hundred questions, I immediately say to myself, "This poor soul could not get a message to Garcia."

Those who can get a message to Garcia are rare. The majority is satisfied with the status quo—with simply being average. I don't understand that mentality. I can't comprehend the paradigm of being satisfied with average. You are going to succeed because you decide to succeed. You are going to succeed because you make the choice that you will not let life choose for you. I will choose for myself. You can choose to live a life of "barely making it through" or choose a life of excellence.

I am reminded of an incident found in the Bible in the book of Mark. Jesus and his disciples had been traveling and were hungry. Jesus walked over to a beautiful fig tree, but it bore no figs. Jesus cursed the tree for not producing fruit. On the next day, as they passed by, one of the disciples noted that the fig tree had already withered and died.

Recently, while reading this story, I noted something, which I had overlooked on all of my previous readings. The scripture says that the tree was barren because figs were not in season. My obvious question was, "Lord, weren't you a bit harsh in your judgment of the fig tree? No trees had figs at that time of the year."

Later that same night, at 2 a. m. , I sat straight up in bed as God spoke to me. He said, "If all you do is what comes naturally, I'm not impressed."

God does not expect us to do only what comes naturally. He expects us to do far beyond that which is convenient and comfortable. For us to remain in the natural flow of our existence is mediocrity. Average is the last thing God wants you and me to be. Jesus used the fig tree as an example of what he wants of us. He expected the tree to be productive and to bear fruit year round. Why settle for mediocrity when you have the option to be better than most? If you can produce one day out of the year, why not produce 365 days a year? Why do we have to do only what everyone else is doing? Why can't we be above average?

Nobody ever won an Olympic event by doing what came naturally. The athlete who will take home the gold must push beyond the limits of what has already been done. I am tired of average. I feel as Hubbard felt when he penned these words:

We have recently been hearing much maudlin sympathy

expressed for the downtrodden denizen of the sweatshop and the homeless wanderer searching for honest employment and with it all often go many hard words for the men in power.

Nothing is said about the employer who grows old before his time in a vain attempt to get frowsy ne'er-do-wells to do intelligent work; and his long patient striving with "help" that does nothing but loaf when his back is turned.

...

Have I put the matter too strongly? Possibly I have, but when all the world has gone aslumming, I wish to speak a word of sympathy for the man who succeeds...

My heart goes out to the man who does his work when the boss is away as well as when he is at home. And the man, who, when given a letter for Garcia, quietly takes the missive, without asking any idiotic questions, and with no lurking intention of chucking it into the nearest sewer, or of doing anything else but deliver it, never gets laid off, nor has to go on a strike for higher wages.

Civilization is one long anxious search for just such individuals. Anything such a man asks shall be granted. His kind is so rare that no employer can afford to let him go. He is wanted in every city, town, and village; in every office, shop, store and factory. The world cries out for such. He is needed and needed badly, the man who can carry a message to Garcia.

Don't ever let it be said that someone else expected more of you than you expected of yourself. If anyone finds fault in a job which you have done that is less than excellent, don't make excuses. Admit that it was not your best. Don't stand up and try to defend yourself. Why settle for average, when excellence is an option? I'm weary of people saying that it's not in their nature to demand more of themselves. They may say, "My personality is different than yours. I'm not as aggressive as you are. It's not my nature."

My answer to them is, "Change." Really, it's just a decision away. Make a decision to change.

A profound study on the subject of excellence can be found in the Bible. The book of Matthew tells of a man preparing for a trip to a far country who gathered his servants and entrusted his goods to them. The scripture says that to one, he gave five talents; to another he gave two; and to another, one. To each, he gave according to their own ability. He who had received the five talents went and traded them and made another five talents. Likewise, he who had two went and gained two more also. But, he who had received one talent went and buried his lord's money.

After a long time, the lord of those servants came and settled accounts with them. He who had received five talents came and brought another five talents. His lord said, "Well done, thou good and faithful servant. You have been faithful over a few things. I will make you ruler over many things. Enter now into the joy of your lord."

He also, who had received two talents, came and brought two talents more. His lord said, "Well done, thou good and faithful servant. You have been faithful over a few things. I will make you ruler over many. Enter into the joy of your lord."

Then he who had received one talent came and said, "Lord, I knew you to be a hard man, reaping where you have not sown, and gathering where you have not scattered seed. I was afraid and went and hid your talent in the ground. Look there, have what is yours." His lord answered and said unto him, "Wicked and lazy servant, you knew that I reap where I have not sown and gather where I have not scattered seed. So, you ought to have deposited money with the bankers and at my coming I would have received back my own with interest." Therefore, take the talent from him and give it to him that has ten talents. To everyone who has, more will be given and he will have abundance; but from him who does not have, even what he has will be taken away.

This servant thought he would gain his master's approval by not losing the one talent that had been given him. He thought he had accomplished something by not having lost it or gambled it away. The master, however, saw it differently. The master was not expecting his servants to do only what came naturally. He wanted them to excel. He wanted them to go beyond what was average. Two of them did. They doubled what he gave to them—a 100% increase. The foolish servant's mentality was to "just get by."

I have met so many people in my lifetime who have this attitude: "Let me do only what I absolutely have to do to make it through. I am not going to do anything with excellence."

What are you doing with what you have been given? Are you

only producing as much as everyone else around you? Is your mindset like that of the foolish servant?

Wernher von Braun, head engineer of NASA's Space Research and Development for the Apollo IV Project said this concerning the Saturn V rocket, which was used to propel the spacecraft for that mission, "The Saturn V has 5,600,000 parts. Even if we had a 99% reliability, there would still be 56,000 defective parts. Yet, the Apollo IV mission flew a textbook flight with only two anomalies occurring, demonstrating a reliability of 99.999%. If an average automobile with 13,000 parts were to have the same reliability, it would have its first defective part in about a hundred years."

Why aren't our automobiles built with the same precision as the Saturn V rocket? Because NASA holds themselves to a higher set of standards than the automobile industry. We need to be like NASA. God is looking for us to pursue excellence to set a higher standard for ourselves than everyone else sets.

I want you to ask yourself, "Could I get a message to Garcia? If I were told that he was hidden somewhere in the jungles of Cuba, could I get a message to him? If I didn't know what he looked like, or where to find him, could I do it?" If you are desperate to succeed, you will find a way. If you purpose in your heart to succeed, you will!

We have become experts with excuses—of why we can't do what we are supposed to do. Why can't we just take a job and do it with excellence? People tell me all kinds of excuses of why they can't do what they're supposed to do.

Be a Rowan. Do it! Just make a decision. Make a choice. Something may slow me down. I may get bogged down in my tracks. There may be times I find myself drowning in quicksand, times I have to hang on to make it through, times when I feel so downtrodden, I don't know if I can put one foot in front of the other, but I will not quit. I will not give up. Quitting is not even an option. I will accomplish the task that is set before me. I will pursue excellence in every area of my life. Even though I may fall down, I will get back up. I will dust myself off, and keep pressing on until I win.

God, give us people like Rowan!

If I were asked to get a letter to Garcia, I know I could. You may think that's arrogance on my part, but it's not. It's confidence. I know that if you handed me a letter and said, "Get this to Garcia," I could get it there. I want you to get a message to Garcia, too. Be the best! If you have been told all your life that you cannot achieve, don't listen to those lies. It doesn't matter what negative things others may have told you.

Make a decision. Success is 1% inspiration and 99% perspiration. If you will just put in the effort, you can do it. Are you willing to make the decision to get the job done with excellence? Are you prepared to carry the message to Garcia?

Hanging on my office wall is a plaque with this inscription:

Excellence is the result of caring more than others think is wise; risking more than others think is safe; dreaming more than others think is practical and expecting more than others think is possible.

Choose to live a life of excellence. Pursue the goal. Dream the dream. You can do it. Get the message to Garcia!

Appendix 2 It Said Everything

For the governor, *A Message to Garcia* imparts an important message to his troops.

—by William Yardley

The day he became governor, Jeb Bush signed the inside of a small hardback book and presented it to his new No. 2 man.

Slim and barely bigger than a checkbook, the copy of *A Message to Garcia* now sits on an end table in the office of Lt. Gov. Frank Brogan. Bush wrote four words above his signature: "You are a messenger!"

Brogan, it turns out, is one of many messengers in the Bush

administration.

For months, staffers in the governor's press office signed a sheet of paper tacked to a wall asking for the names of everyone who had read *A Message to Garcia*. By spring of this year the sheet was full.

"I gave it to all of the folks that started out with us at the beginning of the administration," Bush said recently in response to an e-mail. "I look for people who will take the message to Garcia to be part of our team. People of determination and integrity that don't need too much adult supervision are the ones that can change the world!"

A Message to Garcia is an essay, really, 24 paragraphs simply bound and covered.

Originally published in 1899, *A Message to Garcia* recounts the intrepid sojourn Lt. Andrew Summers Rowan undertook into the hills of Cuba in 1898. The United States would soon be at war with Spain, and President William McKinley sent Rowan to find Gen. Calixto Garcia, leader of insurgent Cuban forces fighting Spanish control.

Without asking how or where he might find Garcia, Rowan set

off. He found him, and returned to Washington to inform McKinley of the strength and position of the rebels and the Spaniards. The information was crucial on the eve of war.

Newspapers celebrated the unlikely mission. Rowan became famous.

Inspired by the story, a printer in upstate New York wrote an essay that, in its day, became one of the best-selling publications in the world: motivational material for a generation of employers and, a century later, something of a creed for Bush and his young Republican staff.

The printer and essayist, Elbert Hubbard, wrote:

The point I wish to make is this: McKinley gave Rowan a letter to be delivered to Garcia; Rowan took the letter and did not ask, "Where is he?"

By the Eternal! There is a man whose form should be cast in deathless bronze and the statue placed in every college of the land. It is not book-learning young men need, nor instruction about this and that, but a stiffening of the vertebrae which will cause them to be loyal to a trust, to act promptly, concentrate their energies: do the thing—"Carry a message to Garcia!"

They do not chant the phrase like a fight song, but, Bush's Communication Director Justin Sayfie said, "Everyone in the press office was required to read the essay. It's a good guiding principle that I always use: Don't get bogged down in the obstacles to your task. Accomplish the task and do so using self-reliance. All senior staff have read it."

And how did Jeb Bush come to read *A Message to Garcia*?

Ken Wright, an Orlando attorney who has worked on campaigns for Bush and his former-president father, gave him a copy during his 1998 campaign for governor.

Wright interprets the essay this way: "Whining isn't allowed. That's my ethic: You got a job to do, do the job." He remembers exactly the conversation he had with the candidate when he recommended the book:

I gave it to Jeb and Jeb says, I'm really not into this new age stuff.

I said "Jeb, read the book. It will take you a cup of coffee to read this book. This is not new age stuff. This is older than the hills."

When I ran into him next he had read it. His reaction was the same as I would have expected it be: That book was awesome. It says it all.

Appendix 3 Character Introduction

Elbert Hubbard (1856—1915)

Elbert Hubbard was a renowned philosopher, author, editor and lecturer of the late nineteenth and early twentieth centuries. In 1895, he founded the Roycrofters, a semicommunal community of artists and craftspeople, in East Aurora, NY. Here various handicraft products were made and sold, and here he established a printing press and bookbindery. His small magazine, the *Philistine*, carried his ideas to thousands, and his *Little Journeys* to the homes of various famous men were very popular. His *A Message to Garcia* (1899), an inspirational piece on efficiency and determination based on a feat of A. S. Rowan, was widely read and quoted. He and his wife were lost at sea, May 7, 1915, while traveling to England aboard the ill-fated Lusitania.

Calixto Garcia (1836—1898)

Calixto Garcia was a Cuban revolutionist and a leader in the Cuban insurrection against Spain. He was captured and imprisoned for his activities until its end in 1878. After his release he was again arrested. In 1895, he came to the United States and as the leader of the Cuban Insurgents, played an important role in the United States war with Spain. He died in Washington, D. C. in 1898 while there as part of a committee to discuss Cuban affairs with President McKinley.

Andrew Summers Rowan (1857—1943)

Rowan was an American Army officer and graduate of West Point class of 1881. After his service in the Spanish American War, he served in the Philippines and posts in the United States, retiring in 1909. He died in 1943.

Appendix 4 Elbert Hubbard's Business "Credo"

I believe in myself.

I believe in the goods I sell.

I believe in the firm for whom I work.

I believe in my colleagues and helpers.

I believe in American business methods.

I believe in producers, creators, manufacturers, distributors, and in all industrial workers of the world who have a job, and hold it down.

I believe that truth is an asset.

I believe in good cheer and in good health, and I recognize the fact that the first requisite in success is not to achieve the dollar, but to confer a benefit, and that the reward will come automatically, and usually as a matter of course.

I believe in sunshine, fresh air, spinach, applesauce, laughter, buttermilk, babies, bombazine and chiffon, always remembering that the greatest word in the English language is "Sufficiency."

I believe that when I make a sale I make a friend.

And I believe that when I part with a man I must do it in such a way that when he sees me again he will be glad—and so will I.

I believe in the hands that work, in the brains that think, and in the hearts that love.

Amen, and Amen!

图书在版编目（CIP）数据

致加西亚的信：汉英对照 /（美）埃尔伯特 · 哈伯德（Elbert Hubbard）著；罗珈译. —南京：译林出版社，2019.5（2021.7重印）
书名原文：A Message to Garcia
ISBN 978-7-5447-7009-5

I.①致… II.①埃… ②罗… III.①英语 - 汉语 - 对照读物 ②职业道德 - 通俗读物 IV.①H319.4：B

中国版本图书馆 CIP 数据核字（2019）第 050419 号

致加西亚的信　〔美国〕埃尔伯特 · 哈伯德／著　罗珈／译

责任编辑　韩继坤
特约编辑　任佳怡
装帧设计　灵动视线
校　　对　刘文硕
责任印制　贺　伟

出版发行　译林出版社
地　　址　南京市湖南路 1 号 A 楼
邮　　箱　yilin@yilin.com
网　　址　www.yilin.com
市场热线　010-85376701
排　　版　灵动视线
印　　刷　天津丰富彩艺印刷有限公司
开　　本　640 毫米 ×960 毫米　1/16
印　　张　11
版　　次　2019 年 5 月第 1 版
印　　次　2021 年 7 月第 3 次印刷
书　　号　ISBN 978-7-5447-7009-5
定　　价　59.00元